常见园林植物病虫害图集

杨 华　闫志军　孙 飞　郭风民　主编

U0364931

中原农民出版社

·郑州·

图书在版编目（CIP）数据

常见园林植物病虫害图集 / 杨华等主编 . —郑州：中原农民出版社，2022.8
ISBN 978-7-5542-2634-6

Ⅰ.①常… Ⅱ.①杨… Ⅲ.①园林植物 - 病虫害防治 - 图集 Ⅳ.①S436.8-64

中国版本图书馆CIP数据核字(2022)第157219号

常见园林植物病虫害图集
CHANGJIAN YUANLIN ZHIWU BINGCHONGHAI TUJI

出 版 人：刘宏伟
选题策划：周　军　连幸福
责任编辑：张云峰
责任校对：王艳红
责任印制：孙　瑞
装帧设计：薛　莲

出版发行：中原农民出版社
　　　　　地址：郑州市郑东新区祥盛街 27 号 7 层　　邮编：450016
　　　　　电话：0371 - 65788013（编辑部）　　0371 - 65788199（营销部）
经　　销：全国新华书店
印　　刷：河南省诚和印制有限公司
开　　本：710 mm×1010 mm　1/16
印　　张：14.5
字　　数：266 千字
版　　次：2022 年 8 月第 1 版
印　　次：2022 年 8 月第 1 次印刷
定　　价：69.00 元

如发现印装质量问题影响阅读，请与印刷公司联系调换。

编委会

前　言

　　园林绿化是城市生态系统的一个重要组成部分，在保持城市生态平衡方面起着积极作用，是实现城市可持续发展战略的重要生态措施，对践行绿色发展理念、提高人民幸福感具有重要意义。近年来，通过引种驯化，用于园林绿化的植物种类愈加丰富。但是，园林苗木的频繁运输、外来植物的大量使用，会导致某些园林植物病虫害在多地域、大范围内出现。同时，园林工作者在生产实践中发现，城市园林植物病虫害种类和危害程度与以前相比都发生了较为显著的变化，要做好园林植物病虫害的防控工作，必须对园林植物病虫害有基本的了解，为此笔者通过多年来对中原地区城市园林植物病虫害实地调查、参考大量文献并不断积累图文资料，最终编写了本书。本书收录了中原地区常见的 97 种园林植物病害和106 种园林植物虫害，分别介绍了各种危害发生时的症状、发生规律以及防治方法等，图文并茂，通俗易懂，使读者对园林植物病虫害的症状、原因、发生规律、防治方法一目了然，可为从事园林养护及园林植物保护相关的工作者提供参考。

　　本书在编写过程中得到了郑州市园林局、郑州市城市园林科学研究所的大力支持，在此一并致谢！

　　由于编者水平有限，书中不足之处在所难免，敬请各位读者批评指正。

编　者
2021 年 11 月于郑州

目 录

园林植物病害篇

细菌性病害

病毒性病害

丛枝病

线虫性病害

寄生性植物病害

非侵染性病害

4

园林植物病害篇

侵染性病害

园林植物病害从大类上可分为侵染性病害（传染性病害）和非侵染性病害（生理性病害）两大类。

侵染性病害是由病原生物侵染园林植物而引起的能互相传染的病害。一般侵染性病害有较为明显的症状，且在发病初期有中心病株。危害沿中心病株逐渐向外扩展，并有向周围扩散蔓延的明显迹象。引起植物发生病害的生物，统称为病原生物，简称病原。病原生物生活在其所依附的植物上，这种习性称为寄生习性。病原生物寄生的植物称为寄主植物，简称寄主。

侵染性病害的分类 ──→
- 由真菌侵染引起的真菌性病害
- 由细菌侵染引起的细菌性病害
- 由病毒侵染引起的病毒性病害
- 由植物菌原体侵染引起的丛枝病
- 由寄生植物侵染引起的寄生性植物病害
- 由线虫侵染引起的线虫性病害

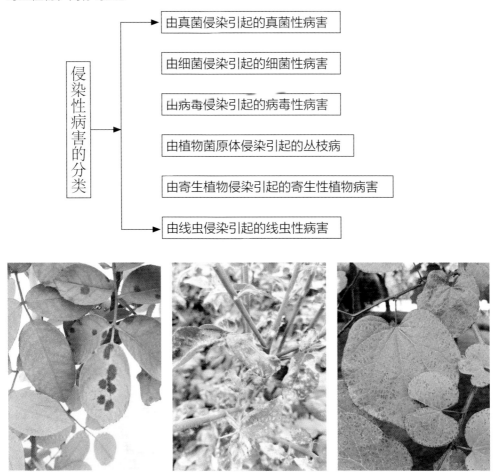

真菌性病害

由病原真菌侵染而引起的病害在园林植物病害中发生最多，危害最重，且症状类型多。

真菌性病害可以从病状和病征两个方面来诊断。从病状来看，真菌性病害一般导致变色、畸形、坏死、腐烂、萎蔫等；从病征来看，在病部或邻近病部有霉状物、粉状物、颗粒状物、絮状物等真菌的子实体或营养体结构。

其特征可总结为：

（1）病状和病征同时存在，且较为明显，可发生于植物的各个部位。

（2）一般都有病斑存在于植株的各个部位。病斑形状有圆形、椭圆形、多角形、轮纹形或不规则形；病斑上或病斑附近一般都有不同颜色、不同形状的赘生物。例如：白粉病病部出现白色粉状物；灰霉病受害叶片、残花及果实上出现灰色霉状物；炭疽病病部表面或组织内产生黑色的小颗粒。

防治真菌性病害的常用药物主要有百菌清、苯醚甲环唑、嘧菌酯、烯唑醇、丙环唑、多菌灵、甲基硫菌灵、代森锰锌、甲霜·锰锌、腈菌唑、戊唑醇等。防治药物可分为保护性杀菌剂，如百菌清、代森锰锌、代森锌等，这类杀菌剂应在病菌侵染园林植物之前施用，防止病菌入侵，起到保护作用；治疗性杀菌剂，如苯醚甲环唑、丙环唑、烯唑醇、多菌灵等，这类杀菌剂应在发病初期，根据致病真菌来选择施用，通过渗入到植物体内或被植物吸收传导，杀灭病菌或抑制病菌的致病过程，清除病害或减轻病害。

月季黑斑病

● **发病症状**：主要危害叶片。叶片上病斑散生，圆形或近圆形，初时为紫褐色至褐色浅斑，后扩展为黑色或深褐色圆斑，严重时，病斑常连接成不规则的大斑，导致叶片脱落。

● **病害病原**：半知菌类真菌。

● **发病规律**：病菌在感病植株病部或病残体上越冬，翌年春季条件适宜时产生分生孢子，借风雨进行传播。整个生长季节均可发病，春末夏初、夏末秋初为高发期，高温潮湿或降水量大时易发病。

● **防治方法**：

（1）及时清园，集中销毁带病落叶，减少病源。

（2）发病初期，喷施 40% 百菌清悬浮剂 600~800 倍液，或 70% 甲基硫菌灵可湿性粉剂 1 000~1 200 倍液，或 10% 苯醚甲环唑水分散粒剂 2 000~3 000 倍液进行防治。

月季白粉病

● **发病症状**：主要危害叶片、嫩梢、花蕾及花梗等部位。嫩叶染病后，叶片皱缩、卷曲呈畸形，有时变成紫红色。老叶染病后，叶面出现近圆形呈水渍状褪绿的黄斑，与健康组织无明显界限，叶背病斑处有白色粉状物，严重受害时，叶片枯萎脱落。嫩梢及花梗受害部位略膨大，其顶部向地面弯曲。花蕾受侵染后不能开放，或花畸形。受害部位的表面布满白色粉层，这是白粉病的典型特征。

● **病害病原**：子囊菌类真菌。

● **发病规律**：病菌在感病植株的休眠芽内越冬，翌年春季温度合适时发病，15~25℃时最易发病。对湿度适应范围较广，干燥或潮湿的环境均能发病，一般春季和秋季为高发期。施氮肥过多，土壤缺少钙或钾肥时易发该病，植株过密，通风透光不良，发病严重。

● **防治方法**：

（1）加强养护管理，注意土壤湿度；合理施肥，增强植株长势；适时修剪整形，及时去掉病梢、病叶，改善植株间通风、透光条件。

（2）发芽前喷施3~5波美度石硫合剂，可消灭越冬病菌；春、秋季生长期，交替喷施70%代森锰锌可湿性粉剂800~1000倍液，或40%百菌清悬浮剂800~1000倍液；发病期，可喷施70%甲基硫菌灵可湿性粉剂1000~1200倍液，或15%粉锈宁可湿性粉剂800~1000倍液进行防治。

- **发病症状**：主要危害叶片。初期叶面出现黄绿色针点斑，后期病斑扩大，呈圆形或不规则形，边缘紫色，扩展后连成片，患病组织与健康组织界限明显，后期病部出现黑点，病叶边缘似火烧状。
- **病害病原**：半知菌类真菌。
- **发病规律**：病菌在患病组织、病残体及土壤中越冬，翌年春季产生分生孢子，靠风雨传播，由伤口侵入，进行初侵染，以叶边缘危害最重。秋季老叶发病重，多年留茬植株发病重，气温在 20℃ 以上的多雨季节发病重，栽植过密、管理粗放发病重。
- **防治方法**：

（1）加强养护管理，合理密植，及时清除并销毁病叶，减少病源。

（2）生长期定期喷施 75% 百菌清可湿性粉剂 800~1 000 倍液进行预防；发病初期，可喷施 50% 多菌灵可湿性粉剂 600~800 倍液，或 50% 苯菌灵可湿性粉剂 1 000~1 200 倍液，或 50% 多·锰锌可湿性粉剂 500~600 倍液进行防治。

月季枝枯病

● **发病症状**：主要危害月季枝条。发病初期在枝条上发生小而紫红色的斑点，后逐渐扩大，颜色加深，斑点的中心变为浅褐色至灰白色。病斑周围，红褐色和紫色的边缘与茎的绿色对比十分明显。发病严重时，病斑迅速环绕枝条，病部以上部分萎缩枯死，变黑向下蔓延并下陷。

● **病害病原**：半知菌类真菌。

● **发病规律**：病菌在患病组织内越冬，翌年早春产生分生孢子，借雨水和气流传播，成为初侵染源。一般通过休眠芽或伤口侵入，而较少从无伤表皮侵入。4~9月发病较重。干旱胁迫会使病害加重，湿度大、过度修剪易发病。

● **防治方法**：

（1）及时修剪病枯枝并烧毁；风雨后的伤折枝也应剪除；应在晴天修剪，伤口易干燥愈合。

（2）修剪后和发病时，可喷施50%百菌清可湿性粉剂800~1000倍液，或50%多菌灵可湿性粉剂800~1000倍液，或50%退菌特可湿性粉剂500~600倍液进行防治。

月季花腐病

● **发病症状**：主要危害月季花，严重时可危害花梗。初期病斑在外缘花瓣基部内，呈绒毛状褐色小斑，扩展后褐色病斑覆盖整个花瓣，导致花瓣变成黄褐色并枯萎，后扩展到整朵花，使整朵花干枯，出现黑色颗粒状物。

● **病害病原**：半知菌类真菌。

● **发病规律**：病菌在感病植株病残体上越冬，随风雨传播，植株生长衰弱和湿度大时容易发病。

● **防治方法**：

(1) 选用抗病品种，加强栽培管理，保持通风透光。

(2) 发病初期，可喷施 50% 百菌清可湿性粉剂 600~800 倍液，或 50% 多菌灵可湿性粉剂 800~1 000 倍液，或 50% 多霉灵可湿性粉剂 800~1 000 倍液进行防治。

- **发病症状**：发病初期，叶片上有褪绿斑，逐渐扩展形成圆形或近圆形病斑，直径 3~10 毫米，褐色或暗褐色，有轮纹但不明显。病斑后期变为灰褐色，密生黑色的霉点，这是病菌的分生孢子及分生孢子梗。病斑相互连接使叶片很大部分呈褐黄色枯死并皱缩，甚至发生碎裂。
- **病害病原**：半知菌类真菌。
- **发病规律**：病菌在病残体和土壤中越冬，翌年春季分生孢子器产生孢子，借风雨等传播。可多次侵染，5~6 月气温适宜时发病重，秋季多雨、土壤湿度大、通风不良和高温多露条件下发病更严重。秋后随着气温下降，病情逐渐减轻直至停止发病。
- **防治方法**：

  （1）加强养护管理，合理施肥，合理密植，适量浇水；及时清除病残体，减少侵染源。

  （2）发病初期，可喷施 10% 苯醚甲环唑可湿性粉剂 2 000~3 000 倍液，或 75% 百菌清可湿性粉剂 800~1 000 倍液进行防治。

丁香白粉病

● **发病症状**：发生在叶片的两面，但以正面为主。发病初期，病叶上产生零星的小粉斑，逐渐扩大，粉斑相互连接覆盖叶面；发病后期，白色粉层变得稀疏，呈灰尘状，其上出现白色小点粒，最后变成黑色点粉。

● **病害病原**：子囊菌类真菌。

● **发病规律**：病菌在病叶上越冬，翌年春季闭囊壳产生子囊孢子，借气流和雨水传播。6月下旬开始发病，直至秋季。植株下部叶片或荫庇处的叶片先发病，逐渐向上蔓延，生长季节可多次侵染。株丛过密、通风透光不良等条件有利于病害发生。

● **防治方法**：

（1）加强养护管理，种植密度适宜，株丛过大应合理修剪，以利通风透光；及时清除病残体并销毁，减少病源。

（2）发病初期，可喷施25%粉锈宁可湿性粉剂800~1 000倍液，或12%腈菌唑乳油1 000～2 000倍液进行防治。

鸢尾叶斑（枯）病

- **发病症状**：主要危害叶片，多从叶梢部发病，初生灰褐色斑点或片状枯焦，逐渐向内蔓延成梭形或长圆形至不规则形的灰褐色至黄褐色斑，最终使叶片褪绿直至枯焦，边缘具有暗褐色线，上着生黄褐色至黑色霉状物。

- **病害病原**：半知菌类真菌。

- **发病规律**：病菌在病残体上越冬，翌年春季产生分生孢子，借气流和雨水传播，进行初侵染和再侵染。温暖多湿的天气或密植郁蔽的条件有利于病害的发生。

- **防治方法**：

（1）加强养护管理，合理施用氮磷钾肥，提高植株抗病性。

（2）生长季节结束后彻底收集病残物，集中销毁，减少病源。

（3）发病初期，可喷施 40% 百菌清悬浮剂 500 倍液，或 80% 代森锰锌可湿性粉剂 500 倍液，或 50% 腐霉利可湿性粉剂 1 500 倍液进行防治。

睡莲黑斑病

- **发病症状**：危害睡莲、碗莲、王莲等。发病后叶片上产生圆形病斑，初期叶片上有浅黄色斑点，后期扩大成褐色斑，病斑大小不一，中心淡褐色，周边暗褐色，常具同心环纹，并生有墨绿色霉状物，直径5~15毫米，在暴风雨多时发病更为严重。发生严重时，叶片焦黄，似火烧，不能开花，提早死亡。
- **病害病原**：半知菌类真菌。
- **发病规律**：病菌在病残体上越冬，翌年春季孢子借气流和雨水传播，孢子萌发适宜温度20~28℃。5月中旬开始发病，7~9月发病严重，遇暴风雨后病害加重。夏天水温过高、连作、偏施氮肥、受蚜虫危害等都将加重病情。
- **防治方法**：

（1）生长季节发现病叶和病株应及时拔除销毁，冬季彻底清除病残叶，减少病源。

（2）加强养护管理，注意通风透光；勿施过多氮肥，应施腐熟农家肥、增施磷钾肥，提高植株抗病性。

（3）发病初期，可喷施50%多菌灵可湿性粉剂600~800倍液，或65%代森锌可湿性粉剂600~800倍液，或70%甲基硫菌灵可湿性粉剂800~1000倍液进行防治。

芍药炭疽病

- **发病症状**：叶、叶柄及茎均可感染。叶部病斑初为长圆形，后略下陷；数日后扩大成不规则形的黑褐色病斑。天气潮湿时病斑表面出现粉红色发黏的孢子堆，为病菌分生孢子和胶质的混合物。严重时病叶下垂，叶面密生孢子堆。茎上病斑与叶上产生的相似，严重时会引起折倒。
- **病害病原**：半知菌类真菌。
- **发病规律**：病菌在病叶或病茎上越冬，翌年春季分生孢子盘产生分生孢子，借风雨传播，从伤口侵染。8~9月降水多时发病重。浇水不当，如晚间浇水，水分在叶面滞留，易发病。
- **防治方法**：

（1）生长期及时摘除病叶，防止再侵染。秋冬彻底清除病残体连同遗留枝叶，集中销毁，减少病源。

（2）发病初期，可喷施50%多菌灵可湿性粉剂600~800倍液，或50%甲基硫菌灵可湿性粉剂800~1 000倍液，或50%硫悬浮剂500~800倍液，或75%百菌清可湿性粉剂600~800倍液进行防治。也可两种杀菌剂进行复配喷施，防治效果比单一施用好。

大花萱草炭疽病

● **发病症状**：主要危害大花萱草及其他萱草的叶片。初期叶面上产生淡黄褐色褪绿斑点，扩展后病斑为椭圆形至梭形褐色斑，斑中央后期为灰白色，与健康组织交界处为淡黄色晕圈，几个病斑相连后叶片易风折。

● **病害病原**：半知菌类真菌。

● **发病规律**：病菌在土壤中及病残体上越冬，翌年春季分生孢子借风雨传播，进行侵染。降水频繁年份发病重，初始病原的多少和降水的频率是发病的主要条件。

● **防治方法**：

（1）增施有机肥，雨水多时及时排水，适当增施磷钾肥，提高植株抗病性。

（2）及时修剪病枝叶和清除病残体，集中销毁，减少病源。

（3）发病初期，可喷施 80% 代森锌可湿性粉剂 600~800 倍液，或 25% 咪鲜胺乳油 500~600 倍液，或 50% 代森锰锌可湿性粉剂 800~1 000 倍液进行防治。

大叶黄杨白粉病

- **发病症状**：自幼苗到生长期均可发病。主要危害叶片，也危害茎。在叶片上开始产生黄色小点，而后扩大发展成圆形或椭圆形病斑，表面生有白色粉状霉层。一般情况下部叶片比上部叶片多，叶片背面比正面多。霉斑早期单独分散，后连接成一个大霉斑，甚至可以覆盖全叶，严重影响光合作用，使正常新陈代谢受到干扰，造成早衰。

- **病害病原**：子囊菌类真菌。

- **发病规律**：病菌在病芽内或病叶上越冬，翌年从春季至秋季均可发病，温暖而干燥的气候条件有利于病害的发展。

- **防治方法**：

（1）剪除感病较重的病叶、病梢并集中处理。对普遍感病且株龄较老者，可结合更新复壮对植株进行修剪防治。

（2）发病初期，可喷施 25% 粉锈宁可湿性粉剂 800~1 000 倍液，或 12.5% 腈菌唑乳油 1 000 ～ 2 000 倍液进行防治。

大叶黄杨炭疽病

● **发病症状**：发病初期，病菌从叶片的叶肉侵入，使病部出现不规则形的褐色斑点，开始呈湿腐状，患病组织与健康组织界限不太明显，随病情的发展，叶片上病斑部位枯黄，生出近同心轮纹状小黑点，导致叶片提早脱落，植物无法正常生长。

● **病害病原**：半知菌类真菌。

● **发病规律**：病菌在病枝、病叶组织中越冬，翌年 5~6 月分生孢子萌发，常从寄主伤口侵入。此病寄生性不强，只能从伤口侵入，发生期比大叶黄杨叶斑病稍迟。阴雨潮湿、光照较少易发病。

● **防治方法**：

（1）加强养护管理，合理密植，及时修剪，增强树势，生长期适当喷施叶面肥，提高植株抗病性。

（2）及时清理和摘除病残体，集中销毁，减少病源。

（3）发病初期，可喷施 80% 炭疽福美可湿性粉剂 800~1 000 倍液，或 50% 福美双可湿性粉剂 600~800 倍液，或 75% 百菌清可湿性粉剂 800 倍液进行防治。

大叶黄杨叶斑病

- **发病症状**：病害发生在新叶上，产生黄色小斑点后扩展成不规则的大斑，病斑边缘隆起，褐色边缘较宽。隆起的边缘外有延伸的黄色晕圈，中心黄褐色或灰褐色，上面密布黑色小点，危害严重时，造成大叶黄杨提前落叶，形成秃枝，影响观赏，甚至死亡。叶斑病具有传染性，发现后应及时施药。

- **病害病原**：半知菌类真菌。

- **发病规律**：病菌在病叶中越冬，翌年 5~6 月温度适宜时分生孢子萌发，常从寄主伤口侵入。7~9 月雨季时为危害高发期，11 月后基本停止发生。

- **防治方法**：

  （1）加强养护管理，合理密植，及时修剪，合理施肥，增强树势，提高植株抗病性。

  （2）及时清理和剪除病叶，冬季将落叶清除，并集中烧毁，减少病源。

  （3）发病初期，可喷施 50% 多菌灵可湿性粉剂 600~800 倍液，或 75% 百菌清可湿性粉剂 600~800 倍液，或 50% 退菌特可湿性粉剂 800~1 000 倍液进行防治。

大叶黄杨茎腐病

- **发病症状**：主要危害大叶黄杨。一二年生枝条受害最严重，初期茎部变为褐色，叶片褪绿，嫩梢下垂，叶片不脱落；后期茎部受害部位变黑，皮层皱缩，内皮组织腐烂，生有许多细小的黑色小菌核。随着气温的升高，受害部位迅速发展，病菌侵入木质部，严重时可造成全株枯死。

- **病害病原**：半知菌类真菌。

- **发病规律**：病菌平时在土壤中营腐生生活，随着气温的升高，土壤温度也随之升高，病菌侵入苗木茎部危害。尤其在高温低洼易积水地区，发病较为普遍。大面积绿篱或模纹植物容易散点状发生。

- **防治方法**：

 (1) 加强养护管理，提高植株抗病性；及时剪除发病枝条，集中销毁，减少病源。

 (2) 高温高湿季节，适当浇水，及时排水，避免积水。

 (3) 发病初期，可喷施 50% 多菌灵可湿性粉剂 600~800 倍液，或 25% 丙环唑乳油 800~1 000 倍液，或 50% 退菌特可湿性粉剂 600~800 倍液进行防治。

海棠褐斑病

- **发病症状**：主要危害叶片，初生褐色小斑点，后扩展成近圆形深褐色斑，病斑表面生黑色小黑点，即病菌的分生孢子梗和分生孢子。
- **病害病原**：半知菌类真菌。
- **发病规律**：病菌在病叶上越冬，翌年春季气温升至20℃时产生分生孢子，借风雨传播，进行初侵染和再侵染，天气潮湿时易发病。
- **防治方法**：

（1）加强养护管理，秋末冬初时清除病叶，集中深埋或烧毁，减少病源。

（2）发病初期，可喷施 25% 咪鲜胺乳油 500~600 倍液，或 50% 多·锰锌可湿性粉剂 400~600 倍液进行防治，连用 2~3 次，间隔 7~10 天。

海棠腐烂病

● **发病症状**：主要发生在主干、主枝上，发病初期病斑为淡褐色，略微隆起，病斑组织松软，呈水渍状，流出黄褐色黏液；后病斑扩大，失水而干枯下陷，呈黑褐色，病皮上突出许多黑色小颗粒，即病菌的分生孢子器。遇雨或天气潮湿时，常从小颗粒上溢出橙黄色丝状卷曲孢子角。当病斑绕树干一周后，树干枯死。

● **病害病原**：子囊菌类真菌。

● **发病规律**：病菌为弱寄生菌，在老病疤或死树皮中越冬。3~10月都能侵染发病，以4~5月和8~9月为侵染高峰。病菌孢子借风雨传播，喜侵染和寄生衰弱树和老树，多从伤口侵入。

● **防治方法**：

（1）适时施肥、浇水，及时疏剪病枝、弱枝和过密枝，注意保护伤口，增强树势，减少侵染和发病。

（2）进行树干涂白，防治病菌侵染。

（3）彻底刮除病斑，在发病初期，可用锋利快刀削掉变色的病部或刮掉病斑。可用10波美度石硫合剂100倍液，或70%甲基硫菌灵可湿性粉剂100倍液等涂抹防治。

海棠—桧柏锈病

● **发病症状**：主要危害叶片，也能危害叶柄、嫩枝和果实。叶面最初出现黄绿色小点，扩展后呈橙黄色或橙红色有光泽的圆形小病斑，边缘有黄绿色晕圈。病斑上着生橙黄色小颗粒，后期病斑变成黑褐色，枯死。桧柏等植物被侵染后，针叶和小枝上形成大小不等的褐黄色瘤状物（菌瘿），雨后瘤状物吸水变为黄色胶状物，远视犹如小黄花，受害的针叶和小枝一般生长衰弱，严重时可枯死。

● **病害病原**：担子菌类真菌。

● **发病规律**：病菌在针叶树寄主体内越冬。翌年 3~4 月冬孢子成熟，借风雨传播，侵染海棠，7 月锈孢子成熟，借风传播到桧柏上，侵入嫩梢。春季多雨，气温偏高则发病重。

● **防治方法**：

（1）避免将海棠、桧柏种在一起。

（2）结合修剪，剪除桧柏等寄主上的重病枝，集中销毁，减少病源。

（3）发病初期，可喷施 20% 三唑酮乳油 1 000~1 200 倍液，或 12.5% 烯唑醇可湿性粉剂 1 000~1 500 倍液，或 25% 丙环唑乳油 1 000~1 500 倍液进行防治。

柳树锈病

- **发病症状**：5月下旬至6月上旬开始发病。夏孢子堆生于叶片两面，以叶片背面为多，少数生于嫩枝上。初生的夏孢子堆小，单生、圆形，后期夏孢子大多集聚为大堆，呈橘黄色。7～8月，叶片两面布满夏孢子堆，叶片因失水卷曲或早期脱落。8月下旬叶片两面出现红褐色的冬孢子堆。严重时冬孢子堆连成片，仍以叶片背面为多。

- **病害病原**：担子菌类真菌。

- **发病规律**：柳树锈病发生的早晚、轻重与当年的湿度大小有很大关系。苗木密度大、通风透光不良、浇水次数太多或降水多的年份，病害发生严重。

- **防治方法**：

  （1）选用抗病强的植株，加强水肥管理，增强树势，提高植株抗病性。

  （2）发病初期，可喷施50%多菌灵可湿性粉剂500~600倍液，或50%甲基硫菌灵可湿性粉剂800~1 000倍液，或25%粉锈宁可湿性粉剂600~800倍液进行防治。

柳树腐烂病

- **发病症状**：主要发生于主干、大枝及分杈处。发病初期是暗褐色的水渍病斑，略肿胀，皮层组织腐烂变软，皮下有酒糟味，以手压之有水渗出，后失水下陷，有时病部树皮溃裂，甚至变为丝状，病斑有时有明显的黑褐色边缘。当病部包围树干一周时，其以上部分即行枯死。

- **病害病原**：有性态为子囊菌类真菌，无性态为半知菌类真菌。

- **发病规律**：病菌在树皮病斑里过冬，翌年4月上旬开始活动，病斑继续扩大；4月中旬开始传染，进行初侵染，病菌孢子借风扩散到树皮上。由伤口等处侵入，新移栽的树木或树势衰弱或受干旱胁迫的植株发病严重。

- **防治方法**：

（1）加强水肥管理，增强树势，提高植株抗病性。

（2）树干涂白，防止病菌侵入。对较大病斑，可在病斑上涂葱油原液，或砷平液，或不脱酚洗油等进行治疗。

柳树叶斑病

● **发病症状**：主要危害叶片，病斑初期为黑色斑点，边缘清晰，扩展后呈圆形或椭圆形，后期病斑连成片，干枯并着生黑色小颗粒，即病菌的子实体。

● **病害病原**：半知菌类真菌。

● **发病规律**：病菌在寄主病残体上越冬，翌年春季产生分生孢子，借风雨传播，高温高湿条件下发病严重，介壳虫会加重病情。

● **防治方法**：

（1）加强养护管理，保持通风透光。对柳枝密度过大的柳树进行必要的修剪，剪去一些过密枝叶。

（2）对枯枝落叶和修剪的枝叶要及时清理，集中销毁，减少病源。

（3）发病初期，可喷施50%多菌灵可湿性粉剂500~800倍液，或50%甲基硫菌灵可湿性粉剂800~1 000倍液进行防治。

梅叶枯病

● **发病症状**：通常叶尖或叶缘产生不规则形的褐色病斑，边缘具一褐色线，逐渐向叶内扩展。湿度大时病部生出黑色霉点，即病菌的分生孢子梗和分生孢子。

● **病害病原**：半知菌类真菌。

● **发病规律**：病菌随病残体进入土壤中越冬，翌年产生孢子，借助风雨、水滴溅射传播到植株上进行初侵染和再侵染。植株生长衰弱或肥水不足时易发病。

● **防治方法**：

（1）精心养护，秋末冬初清除病叶，集中深埋或烧毁，减少病源。

（2）发病初期，可喷施 70% 代森锰锌可湿性粉剂 500~600 倍液，或 75% 百菌清可湿性粉剂 600~800 倍液进行防治。

松落叶病

● **发病症状**：发病初期产生黄色斑点或段斑，后期病斑颜色加深，呈淡褐色，至晚秋全叶呈黄褐色脱落。翌年春季在凋落的针叶上产生典型的特征症状，即先在落针上出现纤细的黑色横线，将针叶分割成若干小段，在两横线间产生椭圆形黑色分生孢子器，长 0.2~0.3 毫米，以后再形成带光泽漆黑或灰黑色米粒状小点，长 1~1.5 毫米，中央纵裂成一道窄缝，即为病菌成熟的子囊盘。

● **病害病原**：子囊菌类真菌。

● **发病规律**：病菌在病叶上越冬。翌年 3~4 月，子囊孢子借气流和雨水传播。当孢子接触松树针叶时，萌生芽管从气孔侵入组织内吸取养分。病菌的潜育期较长，一般 50 天左右。

● **防治方法**：

（1）加强养护管理，增强树势，提高植株抗病性，清除林地病叶，集中销毁，减少病源。

（2）发病初期，可喷施 70% 代森锌可湿性粉剂 600~800 倍液，或 50% 退菌特可湿性粉剂 600~800 倍液进行防治。

● **发病症状**：病菌侵染松针，最初产生褪绿小斑点，呈草黄色或淡褐色，多为圆形或近圆形，随后病斑变褐，并稍扩大，有时多个病斑相互连接成褐色段斑，一条针叶上常产生多个病斑。病叶明显地分为3段，上段变褐色枯死，中段褐色病斑与健康组织相间，下段仍为绿色。病害自树冠基部开始发生，逐渐向上部扩展。病重的松树，只有顶部两三轮枝条的梢头保存部分绿叶，不久全株即枯死。

● **病害病原**：有性态为子囊菌类真菌，无性态为半知菌类真菌。

● **发病规律**：病菌在病叶上越冬，翌年3月下旬气温合适时产生分生孢子，借风雨传播，从针叶的伤口、气孔或直接穿透表皮细胞进入。4~6月为第一次发病高峰，7~8月高温时，病害缓慢发展。9~10月又出现第二次发病高峰，11月后病害基本停止发展。

● **防治方法**：

（1）严格进行种苗检疫，防止从发病地区引进苗木。

（2）发病初期，可喷施70%多菌灵可湿性粉剂800~1 000倍液，或70%百菌清可湿性粉剂800~1 000倍液进行防治。

桃褐斑穿孔病

- **发病症状**：主要危害叶片，也可危害果实和新梢。在叶片两面发生圆形或近圆形病斑，边缘紫色或红褐色略带环纹，直径1~4毫米；后期病斑上长出灰褐色霉状物，中部干枯脱落，形成穿孔，穿孔的边缘整齐。穿孔多时，叶片脱落。新梢、果实染病，症状与叶片相似，均产生灰褐色霉状物。

- **病害病原**：有性态为子囊菌类真菌，无性态为半知菌类真菌。

- **发病规律**：病菌在病叶或枝梢患病组织内越冬，翌年春季气温回升，降雨后产生分生孢子，借风雨传播，侵染叶片、新梢和果实。以后，病部产生的分生孢子进行再侵染。低温多雨利于病害发生和流行。

- **防治方法**：

（1）选种抗病品种，秋末冬初结合修剪，剪除病枝、枯枝，清除落叶，集中销毁或深埋，减少病源。

（2）在发芽前，喷施3~5波美度石硫合剂进行预防；发病初期，可喷施70%代森锰锌可湿性粉剂600~800倍液，或70%甲基硫菌灵可湿性粉剂800~1 000倍液，或50%百菌清可湿性粉剂600~800倍液进行防治。

桃缩叶病

● **发病症状**：主要危害叶片，也能危害嫩梢、果实。早春发病，在新梢下部先长出的叶片受害较严重，如新梢本身未受害，病叶枯落后，其上的不定芽仍能抽出健全的新叶。新梢受害呈灰绿色或黄色，比正常的枝条短而粗，其上病叶丛生，受害严重的枝条会枯死。叶片染病后卷曲、皱缩、发红、增厚变脆，易早落。

● **病害病原**：子囊菌类真菌。

● **发病规律**：病菌在桃芽鳞片外表或芽鳞间隙中越冬。翌年春季桃芽展开时，孢子萌发，侵害嫩叶或新梢。子囊孢子能直接产生侵染丝侵入寄主，侵入后能刺激叶片，使细胞大量分裂，同时细胞壁加厚，造成病叶膨大和皱缩。桃缩叶病一年只发生一次。

● **防治方法**：

（1）发病轻微的植株，应及时摘除病叶，集中销毁，以减少翌年的侵染源；发病重、落叶多的植株，要增施肥料，加强养护管理，以促使树势恢复。

（2）发芽前，喷施 3~5 波美度石硫合剂 1~2 次，可有效杀灭病菌。发芽后，可喷施 65% 代森锌可湿性粉剂 600~800 倍液，或 50% 多菌灵可湿性粉剂 600~800 倍液，或 70% 甲基硫菌灵可湿性粉剂 800~1 000 倍液进行防治。

桃褐锈病

● **发病症状**：主要危害老叶及成长叶。叶片两面均可受侵染，先侵染叶背，后侵染叶面。叶面染病产生红黄色圆形或近圆形病斑，边缘不清晰；叶背染病产生稍隆起的褐色圆形小疱疹状斑，即病菌的夏孢子堆；夏孢子堆突出于叶表，破裂后散出黄褐色粉状物，即夏孢子。发病后期，在夏孢子堆的中间形成黑褐色冬孢子堆。严重时，叶片常枯黄脱落。

● **病害病原**：担子菌类真菌。

● **发病规律**：病菌为一种全孢型转主寄生锈菌。中间寄主为毛茛科白头翁和唐松草属植物。以冬孢子在落叶中越冬，借风雨传播。

● **防治方法**：

（1）及时清除落叶，铲除转主寄主，集中销毁或深埋，减少病源。

（2）发芽前，可喷施 3~5 波美度石硫合剂；生长期，定期喷施 65% 代森锌可湿性粉剂 600~800 倍液，或 50% 多菌灵可湿性粉剂 600~800 倍液，或 70% 甲基硫菌灵可湿性粉剂 800~1 000 倍液进行防治。

● **发病症状**：危害碧桃、桃、梅花、樱花、红叶李、杏等，主要发生于树干和主枝，枝条上也可发生。枝条发病时，初期在病部肿起，随后溢出淡黄色半透明的柔软树脂。树脂硬化后，成红褐色晶莹、柔软的胶块，最后变成茶褐色硬质胶块。病部皮层呈褐色腐朽，易为腐生菌侵害。随着流胶量的增加，树木生长衰弱，影响开花和观赏，发病严重时，可引起部分枝条枯死，甚至全株死亡。

● **病害病原**：子囊菌类真菌。

● **发病规律**：病菌在病枝内越冬，翌年 3~4 月产生分生孢子，随风传播，从伤口、皮孔或侧芽侵入。

● **防治方法**：

（1）加强养护管理，增强树势，提高植株抗病性；合理修剪，保持稳定的树势。同时防治好其他病虫，特别是蛀干类害虫，减少病虫伤口和机械伤口，冬季有条件时可进行树干涂白。

（2）发病时刮除流胶硬块及其下部的腐烂皮层及木质，涂抹甲基硫菌灵、石硫合剂等药物。生长期，定期喷施 65% 代森锰锌可湿性粉剂 600~800 倍液，或 50% 多菌灵可湿性粉剂 600~800 倍液，或 70% 甲基硫菌灵可湿性粉剂 800~1 000 倍液进行防治。

杨树叶锈病

- **发病症状**：叶片受侵染后，形成黄色小斑点，叶背产生散生的黄色粉堆，即病菌的夏孢子堆。严重时夏孢子堆连接成大块，且叶背柄部隆起。受侵染叶片有时形成大型枯斑，病叶提前脱落。病菌还会危害嫩梢，形成溃疡斑。

- **病害病原**：担子菌类真菌。

- **发病规律**：病菌在冬芽和枝梢的溃疡斑内越冬。杨树萌芽时，菌丝发育形成夏孢子堆，成为当年的初侵染源。病菌夏孢子萌发后，可直接穿透角质层侵入，借风传播。5~6月为第一次侵染高峰，9月为第二次侵染高峰。种植密度过大、气温高、降雨多、湿度大、通风透光不良易感病。

- **防治方法**：

（1）初春及时摘除病芽并及时销毁，减少病源。

（2）发病初期，可喷施 50% 多菌灵可湿性粉剂 600~800 倍液，或 65% 代森锌可湿性粉剂 1 000~2 000 倍液，或 50% 退菌特可湿性粉剂 500~1 000 倍液进行防治。

桂花赤枯病

- **发病症状**：主要危害叶片，多从叶尖缘处发生。初期病斑灰色，边缘不清晰，呈扇面状，扩展后边缘黑褐色，内部灰赤褐色；后期病斑干枯，呈灰褐色，病斑上零星分布黑色颗粒状物。
- **病害病原**：半知菌类真菌。
- **发病规律**：病菌在寄主植物病残体上越冬。当植物受到生理性伤害及蚜虫或介壳虫危害时，病菌从伤口或虫口处侵染。常年可以发病，忌根部积水，导致根部病害，引起叶尖干枯。
- **防治方法**：

（1）及时清除和销毁病残体，减少病源；注意防治蚜虫和介壳虫。

（2）发病初期，定期喷施 75% 百菌清可湿性粉剂 600~800 倍液，或 50% 克菌特可湿性粉剂 600~800 倍液进行防治。

桂花枯斑病

- **发病症状**：主要危害叶片。发病初期，感病部位生褪绿小斑点，后病斑逐渐扩大，向内扩展，呈不规则形的黄褐色或灰白色病斑。病斑边缘深褐色，轮廓明显。枯死部分变脆，易裂脱落。发病后期，病斑上产生黑色小点，为病菌的分生孢子器。湿度大时，病斑上可腐生大量黑色霉层。

- **病害病原**：半知菌类真菌。

- **发病规律**：病菌在病叶上越冬，翌年春季产生大量的分生孢子，借风力传播进行侵染。该病多见于温室中，往往引起叶片枯死、提早脱落。温室中，病害周年都可发生。温度高、湿度大或受低温影响、通风不良，植株生长势差，利于病情发展。

- **防治方法**：

  （1）发现病叶及时摘掉，及时收集落叶销毁，减少病源。

  （2）发病初期，可喷施 75% 百菌清可湿性粉剂 600~800 倍液，或 50% 多菌灵可湿性粉剂 800~1 000 倍液进行防治。

煤污病

● **发病症状**：又称烟霉病，在园林植物上发生普遍，其症状是在叶面、枝梢上形成黑色小霉斑，后扩大连片，整个叶面、嫩梢上呈黑色霉层或黑色煤粉层是该病的重要特征。主要是在植物遭受介壳虫、蚜虫等昆虫危害以后，以它们排泄出的黏液为营养，诱发煤污病病菌的大量繁殖，不仅影响园林植物的观赏价值，而且会影响叶片的光合作用，导致植株生长衰弱，提早落叶，甚至引起死亡。

● **病害病原**：半知菌类真菌。

● **发病规律**：病菌在病叶、病枝上越冬。介壳虫、蚜虫等昆虫危害期易发生此病，春秋季是煤污病的盛发期。

● **防治方法**：

（1）加强养护管理，合理安排种植密度；及时修剪病枝和多余枝条，以利于通风、透光，从而增强树势，减少发病。

（2）做好对介壳虫、蚜虫等害虫的防治，是预防煤污病的关键。对上年发病较为严重的植株，可在春季萌芽前喷洒 3~5 波美度石硫合剂，以消灭越冬病菌。对生长期遭受煤污病侵害的植株，可喷施 70% 甲基硫菌灵可湿性粉剂 1 000 倍液，或 80% 代森锌可湿性粉剂 500 倍液，或 20% 粉锈宁可湿性粉剂 4 000 倍液进行防治。

紫荆角斑病

- **发病症状**：主要危害紫荆和紫荆属的其他植物，发生在叶片上，病斑呈多角形，黄褐色至黑色，初期病斑较小，后逐渐扩展成大斑。严重时，叶片上布满病斑，导致叶片枯死，脱落。
- **病害病原**：半知菌类真菌。
- **发病规律**：病菌在病叶上越冬，翌年春季温湿度适宜时产生孢子，随风雨传播，侵染发病。雨水大的时候，发病严重，一般下部叶片先感病，逐渐向上蔓延扩展。一般在7~9月雨季发病迅速，病斑扩大较快，引起叶枯或提前落叶。
- **防治方法**：

（1）冬季清除病叶、落叶，集中销毁，减少病源。

（2）发病初期，可喷施 50% 多菌灵可湿性粉剂 700~1 000 倍液，或 50% 百菌清可湿性粉剂 700~1 000 倍液，或 70% 代森锰锌可湿性粉剂 800~1 000 倍液进行防治。

石楠叶斑病

- **发病症状**：主要危害石楠、椤木石楠、红叶石楠的叶和嫩梢。叶片受害时，先出现褐色小点，以后逐渐扩大发展成多角形病斑。病斑在叶片正面为红褐色，背面为黄褐色，严重时，病斑可连成块，导致叶片脱落。

- **病害病原**：半知菌类真菌。

- **发病规律**：病菌在病叶上越冬，翌年春季产生孢子，随风雨传播，侵染当年生叶片，下部叶片先受侵染，逐渐向上部叶片蔓延，整个生长季节均可发病。植株过密或过度修剪可导致病害严重。

- **防治方法**：

（1）加强养护管理，合理安排种植密度；及时修剪病枝和多余枝条，以利于通风、透光，从而增强树势，减少发病。

（2）该病常年发生，药剂防治上应以预防为主。发病初期，可喷施 50% 百菌清可湿性粉剂 600~800 倍液，或 50% 多菌灵可湿性粉剂 600~800 倍液，或 70% 甲基硫菌灵可湿性粉剂 800~1 000 倍液进行防治，发病较重时或在每次雨后应增加药剂喷施的次数。

● **发病症状**：多发生在石楠、椤木石楠、红叶石楠上，主要危害叶片。病斑多发生在叶片边缘，呈不规则圆形斑，边缘灰褐色至深褐色，中心颜色稍浅，后期病斑枯死，呈灰白色，发病严重时叶片上满布病斑，叶片枯黄，影响石楠的正常生长和观赏效果。

● **病害病原**：半知菌类真菌。

● **发病规律**：病菌在病叶上越冬，翌年春季气候适宜时产生孢子，从伤口及气孔处侵入。全年均可发生，秋季危害最重。

● **防治方法**：

（1）加强养护管理，及时修剪病枝和多余枝条，以利于通风透光，从而增强树势，减少发病。

（2）发病初期，可喷施 50% 百菌清可湿性粉剂 600~800 倍液，或 50% 多菌灵可湿性粉剂 600~800 倍液，或 70% 甲基硫菌灵可湿性粉剂 800~1 000 倍液进行防治，发病较重时或在每次雨后应增加药剂喷施的次数。

石榴黑斑病

- **发病症状**：主要危害叶片。初期病斑在叶面为一针眼状小黑点，后不断扩大发展成圆形至多角状不规则形斑；后期病斑呈深褐色至黑褐色，边缘常呈黑线状。气候干燥时，病部中心区常呈灰褐色。一般情况下，叶面散生一至数个病斑，严重时可达 20 多个，导致叶片提早枯落。

- **病害病原**：半知菌类真菌。

- **发病规律**：病菌在叶片患病组织上越冬。翌年 4 月中旬至 5 月上旬，孢子借风雨传播到石榴新梢叶片上萌发出菌丝进行侵染，此后重复侵染。一般在 7 月下旬至 8 月中旬危害。9~10 月，由于叶上病斑数量增多，病叶率增加，叶片早落。

- **防治方法**：

（1）加强养护管理，及时清理和摘除病残体，集中销毁，减少病源。

（2）发病初期，可喷施 50% 多菌灵可湿性粉剂 800~1 000 倍液，或 10% 苯醚甲环唑水分散粒剂 1 500~2 000 倍液，或 80% 代森锌可湿性粉剂 800~1 000 倍液，或 70% 甲基硫菌灵可湿性粉剂 1 000~1 200 倍液进行防治。

稠李腐烂病

- **发病症状**：主要危害树干。发病初期，树皮组织松软，出现水渍状斑，后期病斑扩大，失水而干枯下陷，呈黑褐色，病皮上突出许多黑色小颗粒，遇雨或天气潮湿时，常从小颗粒上溢出橙黄色丝状卷曲的孢子角。

- **病害病原**：有性态为子囊菌类真菌，无性态为半知菌类真菌。

- **发病规律**：病菌在病枝上越冬，翌年春季开始产生分生孢子，主要借风雨传播，从寄主的伤口入侵。树体或局部组织衰弱时开始发病，树势弱及老龄树比幼树发病率高。

- **防治方法**：

（1）加强水肥管理，增强树势，预防和减少病害的发生。

（2）进行树干涂白，防止病菌侵染。

（3）发病后，可在树干上涂抹 50% 退菌特可湿性粉剂 50 倍液，或 50% 百菌清可湿性粉剂 50 倍液，或 70% 甲基硫菌灵可湿性粉剂 30 倍液进行防治。

银杏叶枯病

● **发病症状**：发病初期常见叶片先端变黄，黄色部位逐渐变褐枯死，并由局部扩展到整个叶缘，呈褐色至红褐色的叶缘病斑。其后病斑逐渐向叶片基部蔓延，直至整个叶片变成褐色或灰褐色，枯焦脱落为止。发病初期，病斑与健康组织的界限明显，病斑边缘呈波纹状，颜色较深，其外缘部分还可见较窄或较宽的鲜黄色线带，严重时病斑明显增大，扩散边缘出现参差不齐的现象，病斑与健康组织的界限也渐不明显。

● **病害病原**：半知菌类真菌。

● **发病规律**：大树较苗木抗病，雌株随结实量的增加发病率明显提高。另外，根部积水或树势衰弱也能导致发病早而严重。土层浅薄、下土板结、低洼易积水等导致银杏根系发育不良，生长受阻时，发生均较严重。与水杉相邻栽植的易发病，病害的盛发期为8~9月，10月逐渐停止。

● **防治方法**：

（1）加强养护管理，合理施肥，增强树势，提高植株抗病性。

（2）避免与水杉相邻栽植，更不宜与水杉混栽。

（3）发病初期，可喷施50%多菌灵可湿性粉剂600~800倍液，或70%甲基硫菌灵可湿性粉剂800~1 000倍液，或80%代森锌可湿性粉剂800~1 000倍液进行防治。

櫻花干腐病

● **发病症状**：主要危害枝干树皮，以衰弱、长势不好的树发生概率较大，初期树皮稍变红褐色，后期病斑扩大，病部膨胀软化，并有黄褐色液体流出，病斑逐渐干缩凹陷呈褐色，病皮上着生许多黑色小颗粒，遇雨或天气潮湿时，溢出黄色丝状卷曲的孢子角，枝上病斑严重造成树皮腐烂，烂皮绕树一周，上部枝条或主干即死亡，严重时整株死亡。

● **病害病原**：子囊菌类真菌。

● **发病规律**：病菌在感病植株病枝中越冬，翌年春季产生孢子，孢子借助风、雨、虫传播，主要危害树势偏弱树，从伤口、剪口侵入。5～6月即可开始发病，8～9月发病最重，可一直延续到落叶，造成树势衰弱。土质不好、过于干旱、冬季冻伤、夏季日灼、有伤口都易发病。

● **防治方法**：

（1）加强养护管理，特别是水土管理，避免根部积水，可以适度干旱，不可过涝，可通过打孔，增施有机质、土壤疏松剂等进行土壤改良，使其疏松透气排水良好为佳。

（2）发芽前，喷施 3~5 波美度石硫合剂 1~2 次，有条件时应进行树干涂白。

（3）发病初期，应涂干防治，冬季休眠时彻底刮治病斑，可用腐必清（松焦油原液）3 倍液、10 波美度石硫合剂等涂抹保护。

樱花褐斑穿孔病

- **发病症状**：发病初期，感病叶面出现针尖大小的斑点，斑点紫褐色，逐渐扩大形成圆形或近圆形斑。随后病斑变褐色至灰白色，病斑边缘紫褐色。发病后期病斑上产生灰褐色霉状物。最后病斑中部干枯脱落，呈穿孔状。发病严重时，叶片布满穿孔，引起落叶。
- **病害病原**：有性态为子囊菌类真菌，无性态为半知菌类真菌。
- **发病规律**：病菌在感病植株枝梢病部、病叶上越冬，翌年春季产生分生孢子，借风雨传播，自气孔侵入寄主。通常自树冠下部先发病，逐渐向树冠上部扩展。植株栽植过密，生长势衰弱，病害容易发生。
- **防治方法**：

（1）冬季结合修枝，清除枯枝落叶，剪除有病枝条，集中销毁，减少病源；增施有机肥及磷、钾肥，避免积水。

（2）发芽前，喷施 2~5 波美度石硫合剂预防侵染；发病初期，可喷施 65% 代森锌可湿性粉剂 500~800 倍液，或 2% 春雷霉素水剂 500 倍液进行防治。

黄栌白粉病

● **发病症状**：初期叶片出现针头状白色粉点，逐渐扩大成污白色圆形斑。病斑周围呈放射状，后期病斑连成片，严重时整片叶布满厚厚一层白粉，全树大多数叶片被白粉覆盖。受白粉病危害的叶片组织褪绿，影响光合作用，使病叶提早脱落，不仅影响树势，还严重地影响观赏效果。

● **病害病原**：子囊菌类真菌。

● **发病规律**：病菌在病叶和病枝上越冬。翌年夏初闭囊壳吸水开裂放出子囊孢子，产生分生孢子进行初侵染，生长期以分生孢子进行再侵染。一般树冠下部叶片以及地面根际萌蘖小枝先发病，之后逐渐向上蔓延，树势衰弱时病重。8~9月发病严重。

● **防治方法**：

（1）加强养护管理，秋季彻底清除落叶，剪除有病枯枝，及时销毁；加强水肥管理，增强树势，提高植株抗病性。清除近地面和根际周围的分蘖小枝，减轻或延缓病害发生。

（2）发病初期，可喷施20%粉锈宁可湿性粉剂600~800倍液，或70%甲基硫菌灵可湿性粉剂800~1000倍液进行防治。发芽前可喷施3~5波美度石硫合剂杀灭越冬病菌。

扶芳藤炭疽病

● **发病症状**：主要危害叶片及嫩梢。叶片上病斑初期为近圆形小褐斑，后期逐渐扩大成较大的斑。叶缘上病斑呈不规则形，灰褐色至灰白色，边缘红褐色或暗紫色，病斑上有小黑点，被害叶片极易脱落。嫩梢上病斑为椭圆形溃疡斑，边缘稍隆起。

● **病害病原**：半知菌类真菌。

● **发病规律**：病菌在病叶组织中越冬。翌年 4 ～ 5 月开始发病，7 ～ 8 月为发病盛期，高温多雨季节发生严重。

● **防治方法**：

（1）加强养护管理，及时清理和摘除病残体，集中销毁，减少病源。

（2）发病初期，可喷施 80% 炭疽福美可湿性粉剂 800~1 000 倍液，或 50% 福美双可湿性粉剂 600~800 倍液，或 75% 百菌清可湿性粉剂 800~1 000 倍液进行防治。

红瑞木白粉病

- **发病症状**：主要危害叶片、嫩茎等部位。初期叶片呈黄绿色小斑点，渐渐扩大，叶片出现白色粉斑，后期变成黑色斑点，连成片覆盖整个叶片，边缘不清晰，呈污白色或者灰白色，严重时导致嫩叶皱缩、纵卷，新梢扭曲、萎缩，影响红瑞木正常生长。发病严重时，在白色的粉层中形成黄白色小点，后逐渐变成黄褐色或黑褐色，导致叶片枯萎提前脱落。

- **病害病原**：子囊菌类真菌。

- **发病规律**：病菌在病枝、病叶上越冬。翌年春季分生孢子随风传播到幼嫩组织上，在适宜的环境条件下萌发，并通过角质层和表皮细胞壁进入表皮细胞进行危害。一般在温暖、干燥或潮湿的环境下易发病，植株过密、通风透光不良，发病严重。

- **防治方法**：

（1）及时剪除病枝，集中销毁，减少病源。

（2）发芽前，喷施 3~5 波美度石硫合剂消灭越冬病菌；生长期，定期喷施 70% 代森锰锌可湿性粉剂 500~800 倍液，或 50% 百菌清可湿性粉剂 500~800 倍液进行预防；发病初期，可喷施 70% 甲基硫菌灵可湿性粉剂 800~1 000 倍液，或 15% 粉锈宁可湿性粉剂 1 000 倍液进行防治。

红瑞木枝枯病

- **发病症状**：主要危害树枝，造成枝梢或中部成段枯死，变成枯黄色至灰黄色，枯死部上端失水干枯，呈紫褐色，主干上在分权处产生淡青灰色条带状枯死大斑，向四周扩展，引起整个枝条干枯，病部生有很多圆形隆起点状物。
- **病害病原**：半知菌类真菌。
- **发病规律**：病菌在病枝上越冬，翌年春季产生分生孢子并随风传播，在适宜的环境条件下萌发，开始侵染。植株过密，受刺吸类害虫危害重的植株易发病。
- **防治方法**：

（1）及时剪除病枝，集中销毁，减少病源。

（2）发芽前，喷施 3~5 波美度石硫合剂消灭越冬病菌；发病初期，可喷施 70% 甲基硫菌灵可湿性粉剂 800~1 000 倍液，或 75% 百菌清可湿性粉剂 800~1 000 倍液，或 50% 多霉灵可湿性粉剂 800~1 000 倍液进行防治。

金叶女贞褐斑病

● **发病症状**：主要危害金叶女贞的叶片。发病初期出现水渍状、褪绿小圆斑，轮纹明显或不明显，中心淡褐色，初期病斑较小，后逐渐扩展成不规则形大斑，呈紫色或褐色，严重时轻触即可导致受害的叶片脱落，影响金叶女贞的观赏性和正常生长。

● **病害病原**：半知菌类真菌。

● **发病规律**：病菌在病叶、枯枝上越冬。一般于翌年5月中旬开始发病，6~8月为发病盛期，9月后逐渐减轻。生长茂密、天气潮湿或湿度大时易发病，植物基部接近地面的叶片发病重，在修剪较勤、种植时间较长的绿篱或模纹植物上发病重。

● **防治方法**：

（1）秋冬季清除病叶、枯枝、死株；春季发芽前，喷施3~5波美度石硫合剂，消灭越冬病菌；结合修剪，疏除病枝、病叶和影响通风透光的密植苗。

（2）合理密植，适当增加磷钾肥，入夏后不要施用氮肥；夏季多雨季节注意排水。

（3）发病初期，定期喷施杀菌剂，7~10天一次，可用50%多菌灵可湿性粉剂600~800倍液，或70%甲基硫菌灵可湿性粉剂600~800倍液，或50%代森锰锌可湿性粉剂600~800倍液，或75%百菌清可湿性粉剂600~800倍液交替喷施。

竹叶锈病

● **发病症状**：可侵染成竹、幼苗的叶片，叶面不产生坏死性病斑，而在叶背产生黄褐色突起的孢子堆。叶片褐色、褪绿，严重时叶片萎蔫、卷曲、下垂，生长不良。

● **病害病原**：担子菌类真菌。

● **发病规律**：病菌在竹叶中越冬，孢子通过风雨、昆虫等传播。通常在5~8月发生，竹子密集、湿度大的地方较严重，成年竹林叶锈病的发生往往是幼苗锈病的延续。

● **防治方法**：

（1）加强养护管理，适当修剪，改善植株通风条件。

（2）及时收集病叶并销毁，减少病源。

（3）发病初期，可喷施50%百菌清可湿性粉剂600~800倍液，或50%多菌灵可湿性粉剂600~800倍液，或15%粉锈宁可湿性粉剂800~1 000倍液进行防治。

- **发病症状**：在发病初期，从叶尖产生圆形或长椭圆形灰褐色斑点，逐渐扩大成深褐色，后连接成不规则形的大斑点，后期受害部位逐渐变为灰白色，其上多有黑色小点，严重时导致全叶死亡。
- **病害病原**：半知菌类真菌。
- **发病规律**：病菌在病叶上越冬。翌年早春开始侵染，4月中下旬出现病斑，6~8月高温高湿时发病严重，秋末温湿度降低时危害减小，逐渐停止。
- **防治方法**：

（1）及时剪除病叶，集中销毁，减少病源。

（2）发病初期，可喷施70%代森锰锌可湿性粉剂800~1 000倍液，或70%甲基硫菌灵可湿性粉剂800~1 000倍液，或50%多菌灵可湿性粉剂600~800倍液进行防治。

槐烂皮病

- **发病症状**：主要危害国槐、龙爪槐的绿色小枝，也可危害1~4年生苗木的绿色主干。病斑多发生在伤口或坏死皮孔处，初期呈浅黄褐色，近圆形，后扩展为梭形，黄褐色湿腐状，稍凹；当病斑环绕一周后，病斑以上的枝干枯死。

- **病害病原**：半知菌类真菌。

- **发病规律**：病菌在病枝上或土壤中越冬，翌年春季条件适宜时产生分生孢子，随风雨传播，主要从剪口处侵入，也可以从断枝、死芽及坏死皮孔等处侵入。一般3月上旬至4月末为发病盛期，过度密植、剪口（伤口）过多、树势衰弱易发病。

- **防治方法**：

（1）加强管理，特别是水肥管理，增强树势，提高植株抗病性。

（2）及时剪除带病枯枝，集中销毁，减少病源。

（3）修剪后，及时对伤口涂抹伤口保护剂，避免病菌侵染；冬季对树干涂白。

（4）加强对叶蝉、螨的防治，减少刺吸类害虫的危害。发病严重的植株可用50%多菌灵可湿性粉剂30~60倍液，或70%甲基硫菌灵可湿性粉剂30~60倍液喷涂枝干。

- **发病症状**：主要危害叶片。多在叶片上产生褐色斑点，逐渐发展为褐色、大小不等、边缘清晰的病斑，病斑在后期产生细小的黑点，散生，少数聚集成轮纹状，发病严重时引起树叶脱落，植株枯萎发黄。
- **病害病原**：半知菌类真菌。
- **发病规律**：病菌在病残体上过冬。翌年春季天气回暖后在雨水的帮助下，孢子萌发入侵寄主，多雨潮湿环境易发病，植株生长衰弱时易发病。
- **防治方法**：

（1）加强养护管理，注意施肥灌水，提高植株抗病性。

（2）冬季结合修剪清除病残组织，集中销毁，减少病源。

（3）发病初期，可喷施75%百菌清可湿性粉剂 600~1 000 倍液，或 70% 甲基硫菌灵可湿性粉剂 800~1 000 倍液进行防治。

金银木叶斑病

- **发病症状**：主要危害叶片。叶斑近圆形至不规则形，常多斑连接。叶面病斑浅黄褐色至浅褐色，或中央浅褐色，边缘褐色。有时中央灰白色至浅褐色，边缘暗褐色至近黑色。叶背病斑浅青黄色。

- **病害病原**：半知菌类真菌。

- **发病规律**：病菌在病叶上越冬，翌年4月下旬至5月上旬气温升至20℃时产生分生孢子，借风雨传播进行初侵染和再侵染。雨季易发病，11月天气转凉后停止发病。

- **防治方法**：

（1）加强养护管理，特别是水肥管理，增强树势，提高植株抗病性。

（2）及时清除带病落叶，集中销毁，减少病源。

（3）发病初期，可喷施50%多菌灵可湿性粉剂600~800倍液，或70%代森锰锌可湿性粉剂800~1 000倍液，或50%甲基硫菌灵可湿性粉剂600~800倍液进行防治。

金丝桃褐斑病

- **发病症状**：主要危害叶片。多发生于植株外层枝条的中上部成叶上。幼叶偶有发生或较少发生。成叶在遭受褐斑病侵染后，呈现出褐色病斑，之后病斑逐渐扩大，造成叶片变褐、坏死，严重时脱落。
- **病害病原**：半知菌类真菌。
- **发病规律**：病菌在病叶、病残体上或土壤中越冬，翌年春季借助风雨进行传播，从伤口开始侵染。种植密度过大、通风不良，空气相对湿度大，多雨且温度多变的季节，发病频繁。6~8月为发病高峰。
- **防治方法**：

（1）加强养护管理，合理修剪，增加通风透光性，加强水肥管理，增强树势，提高植株抗病性。

（2）及时清除病落叶，集中销毁，减少病源。

（3）发病初期，可喷施10%三唑酮乳油600~800倍液，或50%咪鲜胺锰盐可湿性粉剂800~1 000倍液，或50%多菌灵可湿性粉剂600~800倍液，或10%苯醚甲环唑水分散粒剂1 500~2 000倍液进行防治。

树（立）木腐朽病

● **发病症状**：所有树种均有可能
受害。一般发生在老年树上，
少见于中龄以下的树木。病菌
主要从伤口或死枝桩侵入立木。
活立木受木腐菌感染后，在树
干病部长出的担子果是该病主
要的外部病征。腐朽初期，皮
层微下陷，稍软，症状不明显，
不易发现。随着病情的发展木
质颜色变淡，呈黄白色。腐朽
后期树体经常现蘑菇状、马蹄
状病菌子实体。

● **病害病原**：担子菌类真菌。

● **发病规律**：病程较长，该病的
发生与植株受到各种伤害如机
械损伤、人工修剪、冻害、日
灼等有密切关系。病菌主要从
伤口、根部、死枝入侵，通常
从侵染点周围开始，向上、下
发展蔓延，造成边材和心材腐
朽。

● **防治方法**：

（1）加强水肥管理，增强树势；
合理修枝整形，保持通风透光。

（2）树干涂白，对植株伤口应
及时涂抹保护剂。

（3）发现腐朽部位可彻底去除
腐烂组织，伤口涂抹愈伤剂、防腐
剂并做适当的树形修复；对已严重
病腐的立木应砍除，挖出树桩连同
树干一起集中销毁。

枇杷干腐病

● **发病症状**：该病主要危害枇杷主干和主枝。发病初期以皮孔为中心形成椭圆形瘤状突出，中央呈扁圆形开裂。病部和健康组织的交界处产生裂纹，病皮易脱落而下陷，未脱落的病皮则连接成片，呈鳞片状翘起，病皮粗糙红褐色，临近地面处的主干韧皮部变褐色。随后皮层坏死腐烂，严重时可达木质部并引起树干枯死。

● **病害病原**：半知菌类真菌。

● **发病规律**：病菌主要在患病树干上越冬。生长健壮、抗病能力强的树，病菌可长期潜伏，而树势弱、抗病能力差的树，发病迅速，很快引起树皮腐烂。病菌主要通过伤口侵入，也可从枝干的皮孔和芽眼等处侵入。该病在温暖多雨的季节容易发生，在荫庇环境、树势弱、树龄老、枝干损伤或种植过深的枇杷树发病比较严重。

● **防治方法**：

（1）因地制宜选用抗病良种。加强水肥管理，增强树势，提高植株抗病性，浇水时避免对树干上长时间喷水。

（2）加强树体保护，避免机械损伤，及时剪除枯弱小枝和死枝死芽。

（3）发生干腐病时，将病部的树皮刮除，露出生长健壮部位，然后用5%菌毒清水剂30～50倍液，或70%甲基硫菌灵可湿性粉剂10～20倍液涂抹病斑伤口。

枇杷灰斑病

- **发病症状**：主要危害叶片，也能危害果实。发病初期，叶片发生淡褐色圆点，后连接成不规则形的大斑，渐变为灰白色或灰黄色，边缘有狭窄的黑色环带，表皮干枯后，易与下部叶肉组织分离，最后叶片焦枯脱落。
- **病害病原**：半知菌类真菌。
- **发病规律**：病菌在病叶上越冬，翌年春季气温适宜时产生分生孢子，借风雨传播，引起初侵染。一般于5月初出现新病斑，6~7月雨季为该病的盛发期。土壤贫瘠、管理粗放、树势衰弱发病较重。
- **防治方法**：

（1）加强养护管理，合理施肥，合理密植，适量浇水；及时清除病残体，集中销毁，减少病源。

（2）发病初期，可喷施50%多菌灵可湿性粉剂600~800倍液，或70%甲基硫菌灵可湿性粉剂800~1 000倍液，或65%代森锌可湿性粉剂600~800倍液进行防治。

法国冬青叶斑病

● **发病症状**：主要危害叶片、叶柄和茎部。叶片上有圆形病斑，渐渐扩大成不规则形的大病斑，大病斑是红褐色的，后期变成黑褐色，中央是灰褐色的，严重时导致提前落叶，影响观赏效果。

● **病害病原**：半知菌类真菌。

● **发病规律**：病菌在病叶上越冬，随风雨传播，先在伤口死组织上腐生，然后进行侵染。6~8 月高温高湿时发病严重，秋末温湿度降低时危害减小，逐渐停止。

● **防治方法**：

（1）发现病害，及时剪枝，集中销毁，减少病源。

（2）发病初期，可喷施 75% 百菌清可湿性粉剂 800~1 000 倍液，或 50% 苯菌灵可湿性粉剂 1 000~1 200 倍液，或 50% 多霉灵可湿性粉剂 800~1 000 倍液，或 50% 多菌灵可湿性粉剂 800~1 000 倍液进行防治。

山楂叶斑病

● **发病症状**：主要危害叶片。发病初期，病斑呈近圆形或不规则形，褐色或暗褐色，边缘清晰整齐，后期病斑变为灰色，略呈不规则形，其上散生小黑点。病斑多时可互相连接，呈不规则形大斑。病叶变黄，提早脱落。

● **病害病原**：半知菌类真菌。

● **发病规律**：病菌在病叶中越冬，翌年春季环境条件适宜时产生分生孢子，随风雨传播，进行初侵染和再侵染。一般于6月上旬开始发病，8月中下旬为发病盛期。老弱树发病较重，地势低洼、土质黏重、排水不良等有利于病害发生。

● **防治方法**：

（1）秋冬季及时清扫落叶，集中销毁，减少病源。

（2）发病初期，可喷施50%苯菌灵可湿性粉剂1 000 ～ 1 500倍液，或70%甲基硫菌灵可湿性粉剂1 000 ～ 2 000倍液，或10%苯醚甲环唑水分散粒剂1 500 ～ 2 000倍液进行防治。

红枫叶枯病

- **发病症状**：发病初期，叶尖及叶片上部的叶缘产生水渍状褪绿小斑点，然后随着病情发展，病部出现枯焦状，并逐渐向叶片下部和内部扩展，叶片上半部枯死。病部与健康组织交界处呈赤褐色，最后整个叶片的 3/4 枯死，枯死的部分叶尖卷曲，呈灰白色。

- **病害病原**：半知菌类真菌。

- **发病规律**：病菌在病叶中越冬，翌年春季气温上升产生分生孢子，借雨水和气流传播，侵染发病。病害发生与雨水关系较为密切，多雨时节会反复侵染。一般 7~10 月发病最重。另外，土壤排水性能差、湿度大以及偏施氮肥等情况下，也会导致病害严重发生。夏秋之交，在高温强光照条件下，植株暴晒，叶片受灼伤，会加剧病害的发展。

- **防治方法**：

（1）加强养护管理，忌偏施氮肥，适当增施磷钾肥，促使植株生长健壮，提高植株抗病性；秋冬季及时清除病落叶，集中销毁，减少病源。

（2）发病初期，可先剪去病叶，减少侵染源，再喷施 50% 多菌灵可湿性粉剂 600~800 倍液，或 65% 代森锌可湿性粉剂 600~800 倍液，或 45% 代森锰锌可湿性粉剂 600~800 倍液进行防治。

接骨木灰斑病

- **发病症状**：主要危害叶片。叶片上出现圆形或者椭圆形病斑，整体为褐色，中间浅外部深，有时病斑连接成椭圆形至不规则形褐色斑，病斑两面生淡黑色霉状物。
- **病害病原**：半知菌类真菌。
- **发病规律**：病菌在病叶上越冬，翌年春季条件适宜时，分生孢子通过气流或水滴溅射传播，侵染发病。
- **防治方法**：

（1）及时清除病叶，集中销毁或深埋，减少病源。

（2）发病初期，可喷施50%多菌灵可湿性粉剂600~800倍液，或75%甲基硫菌灵可湿性粉剂1000~1200倍液，或50%苯菌灵可湿性粉剂800~1000倍液进行防治。

黄刺玫白粉病

● **发病症状**：枝条顶端的嫩梢、叶、叶柄等发病。叶片被满白粉层，较厚；叶柄、皮刺部及嫩梢上的白粉层厚、细密，如毡状；生长后期其上产生黑色小点粒。严重时引起嫩梢顶端回枯。

● **病害病原**：子囊菌类真菌。

● **发病规律**：病菌在病株及病芽内越冬，翌年春季通过气流传播，潜育期 5～7 天。栽种密度大、光照不足、偏施氮肥、通风不良等有利于发病。

● **防治方法**：

（1）合理修剪，合理施肥，适当增施磷钾肥、钙肥，促使植株生长健壮，提高植株抗病性。

（2）发芽前，喷施 3~5 波美度石硫合剂杀灭越冬病菌。

（3）发病初期，可喷施 20% 三唑酮乳油 1 000~1 200 倍液，或 12.5% 腈苯唑乳油 2 000～3 000 倍液，或 20% 三环唑可湿性粉剂 600~800 倍液进行防治。

合欢枯萎病

● **发病症状**：该病为合欢的毁灭性病害。感病植株的叶片下垂呈枯萎状，叶色呈淡绿色或淡黄色，后期叶片脱落，枝条开始枯死。雨季为发病高峰期，部分可持续到 10 月，先从一两个枝条表现症状，逐步扩展到其他枝，病枝上叶片失水萎蔫下垂，从枝条基部叶片变黄，部分仍为绿色，随后变干萎缩、枯死脱落，随病情扩展树冠半边或全株枯死。

● **病害病原**：半知菌类真菌。

● **发病规律**：病菌在病株体内越冬。病菌一般从根部伤口侵入，随水分输导向地上的枝干扩散，堵塞导管或产生毒素干扰水分疏导，使植株失水萎蔫，也可从地上部枝干伤口引起侵染，向上下蔓延。

● **防治方法**：

（1）加强养护管理，定期松土，增加土壤通透性，注意防旱排涝；修剪后及时保护伤口；清除重病株，减少病源。

（2）生长期未出现症状前，可根施 50% 甲基硫菌灵可湿性粉剂 300~500 倍液，或 50% 多菌灵可湿性粉剂 200~400 倍液等进行防护。对症状轻微的病株可采用 70% 甲基硫菌灵可湿性粉剂 50~100 倍液，或 60% 多菌灵·福美双可湿性粉剂 50~100 倍液喷涂树干；或使用 40% 五氯硝基苯粉剂 300~500 倍液浇灌土壤，可有效遏制病情扩展，并使植株逐步恢复；对发病严重导致死亡或濒死树要及时发现及时砍伐，集中销毁，并对树穴及周围土壤浇灌 40% 五氯硝基苯粉剂 200~300 倍液进行消毒，防止病菌蔓延。

悬铃木霉斑病

- **发病症状**：主要危害叶片。病叶背面生许多灰褐色或黑褐色霉层，有大小两种类型，小型霉层直径 0.5~1 毫米，大型霉层直径 2~5 毫米，呈胶着状，在相对应的叶片正面呈现大小不一的近圆形褐色病斑。
- **病害病原**：半知菌类真菌。
- **发病规律**：病菌在病叶上越冬。5 月下旬开始危害嫩叶，霉斑薄而小，9~10 月在老叶上生大而厚的霉斑。6~7 月为盛期，至 11 月停止。夏秋季多雨，实生苗木、植株过密发病严重。扦插苗和幼树受害轻。
- **防治方法**：

（1）加强养护管理，合理施肥，合理密植，适量浇水；及时清除病残体，集中销毁，减少病源。

（2）发病初期，可喷施 70% 苯醚甲环唑可湿性粉剂 2 000~3 000 倍液，或 75% 代森锰锌可湿性粉剂 800~1 000 倍液进行防治。

玉簪炭疽病

- **发病症状**：主要危害玉簪叶片，也能危害茎部和叶柄。发病初期，病斑呈近圆形、椭圆形至不规则形，后逐渐扩大，褐色或灰褐色，病斑边缘色较深，其外有黄绿色晕环。潮湿时斑面现小黑点或朱红色液点。严重时致穿孔及叶枯。

- **病害病原**：半知菌类真菌。

- **发病规律**：病菌在病叶或病残体上越冬，翌年春季分生孢子借雨水传播，从植株伤口侵入致病。温暖多湿的天气易发病，施氮过多也会加重发病。

- **防治方法**：

（1）加强养护管理，合理施肥，增施磷钾肥，避免偏施氮肥；及时清除病叶及病残体，集中烧毁，减少病源；适量浇水，及时排水，避免积水。

（2）发病初期，可喷施50%炭疽福美可湿性粉剂600~800倍液，或15%亚胺唑可湿性粉剂1000~1500倍液，或75%甲基硫菌灵可湿性粉剂800~1000倍液进行防治。

南天竹红斑病

- **发病症状**：主要危害南
天竹叶片。多从叶尖或
叶缘开始发生，初为褐
色小点，后逐渐扩大成
半圆形或楔形病斑，直
径 2~5 毫米，褐色至
深褐色，略呈放射状。
后期簇生灰绿色至深绿
色煤污状的块状物，即
病菌的分生孢子梗及分
生孢子。发病严重时，
常提早落叶。

- **病害病原**：半知菌类真
菌。

- **发病规律**：病菌在病叶
上越冬，翌年春季产生
分生孢子，借风雨传播，
侵染发病。生长衰弱、
新移栽植株易发病。发
病严重的，夏季就开始
落叶。

- **防治方法**：

（1）及时剪除病叶及病
残体，集中销毁或深埋在土
中，以减少病源。

（2）发病初期，可喷
施 70% 代森锌可湿性粉剂
600~800 倍液，或 70%
甲基硫菌灵可湿性粉剂
1 000~1 500 倍液进行防
治。

金叶石菖蒲叶斑病

- **发病症状**：主要危害叶片。发病初期为褐色全深褐色小斑点，后期扩展连接为不规则形大斑，严重时导致叶尖、叶片干枯。
- **病害病原**：半知菌类真菌。
- **发病规律**：病菌在病残体中越冬，翌年春季产生分生孢子，随雨水传播，进行初侵染和再侵染。高温、强光日灼发病严重。
- **防治方法**：

（1）避免在全光照环境种植，应种植在半遮阴环境中。

（2）及时清除枯叶、病叶，集中销毁，减少病源。

（3）夏季可定期喷施 80% 代森锌可湿性粉剂 600~800 倍液，或 25% 咪鲜胺乳油 500~600 倍液，或 50% 多·锰锌可湿性粉剂 400~600 倍液进行防治。

● **发病症状**：主要危害叶片。发病初期在线形叶上产生红褐色针尖大小的病斑，从叶基部至叶先端均有分布。病斑逐渐扩大，呈梭形，可扩展连接成红褐色病斑，发生在叶先端的病斑向下延伸，使叶片产生节状褪绿段斑，褪绿段斑由黄色变为红褐色后呈卷曲状枯死，严重时全叶枯死。

● **病害病原**：半知菌类真菌。

● **发病规律**：病菌在病叶中越冬，翌年春季借助风雨传播，多从伤口侵染。病菌在生长季节可重复侵染，以5~6月发生较重，夏季高温期间发生程度有所减轻。高湿、土壤贫瘠、种植过密均利于病害的发生。

● **防治方法**：

（1）加强养护管理，合理施肥，适当增施磷钾肥，使植株生长健壮，提高植株抗病性；及时清除病株病叶，集中销毁，减少病源。

（2）发病初期，可喷施70%甲基硫菌灵可湿性粉剂800~1 000倍液，或50%多菌灵可湿性粉剂600~800倍液，或70%代森锌可湿性粉剂800~1 000倍液进行防治。

洒金珊瑚炭疽病

- **发病症状**：主要危害叶片。多从叶尖、叶缘发病，病斑呈圆形或不规则形，灰褐色至灰黑色，逐渐扩大成灰黑色皱缩状枯斑，严重时全叶枯死。
- **病害病原**：半知菌类真菌。
- **发病规律**：病菌在病残体中越冬，翌年春季产生分生孢子，借风雨传播。多从伤口或气孔侵染，以 7~9 月发生较重。
- **防治方法**：

（1）加强养护管理，提高植株抗病性；及时清除病株病叶，集中销毁，减少病源。

（2）发病初期，可喷施 50% 退菌特可湿性粉剂 600~800 倍液，或 50% 代森锰锌可湿性粉剂 600~800 倍液，或 70% 代森锌可湿性粉剂 800~1 000 倍液进行防治。

十大功劳叶斑病

● **发病症状**：主要危害叶片。发病初期，为近圆形小褐斑，后期逐渐扩大成较大的斑，圆形或不规则形，外有红褐色边线，中央灰褐色，遇潮湿病斑背面产生灰色霉层。

● **病害病原**：半知菌类真菌。

● **发病规律**：病菌在落叶上越冬，翌年春季产生分生孢子，借风雨传播进行初侵染。雨季发病重，可造成再侵染。

● **防治方法**：

（1）加强养护管理，及时清理和摘除病残体，集中销毁，减少病源。

（2）发病初期，可喷施 65% 代森锌可湿性粉剂 800~1 000 倍液，或 50% 多菌灵可湿性粉剂 600~800 倍液，或 70% 炭疽福美可湿性粉剂 800~1 000 倍液，或 70% 甲基硫菌灵可湿性粉剂 800~1 000 倍液进行防治。

绣球炭疽病

- **发病症状**：主要危害叶片。病斑初期为褐色小点，扩大后呈圆形，边缘紫褐色至蓝黑色，中央浅褐色至灰白色，具轮纹，有轮生的小黑点突起。病斑大小不一，小的直径仅1毫米，大的直径可达10毫米。

- **病害病原**：半知菌类真菌。

- **发病规律**：病菌在病残体上越冬，翌年产生分生孢子，借风雨传播。多从伤口侵染，在生长季节可重复侵染，6～9月为发病期。阴雨、潮湿的天气有利于病害发生。

- **防治方法**：

  （1）加强养护管理，促使植株生长健壮，提高植株抗病性；绣球为宿根植物，严重病株可齐地面砍去，以重新生长新枝。冬季，一定要及时清除落叶、修剪的病枝枯叶，集中销毁，减少病源。

  （2）发病初期，可喷施75%百菌清可湿性粉剂600~800倍液，或70%炭疽福美可湿性粉剂600~800倍液，或70%甲基硫菌灵可湿性粉剂800~1 000倍液，或50%福美双可湿性粉剂600~800倍液进行防治。

● **发病症状**：主要危害叶片。发病初期，叶片出现红褐色或灰褐色斑点，呈不规则形，逐渐扩展成圆形或近圆形病斑，中间凹陷，褐色或暗褐色，病斑相互连接使叶片很大部分呈褐黄色枯死，并皱缩甚至发生碎裂。

● **病害病原**：半知菌类真菌。

● **发病规律**：病菌在寄主病残体上越冬，翌年春季借风雨等传播。6~8 月气温适宜时发病重，高温多雨、土壤湿度大、通风不良和高温多露条件下发病更严重，秋后随着气温下降，病情逐渐减轻直至停止发病。

● **防治方法**：

（1）加强养护管理，合理施肥，适量浇水；及时清除病残体，集中销毁，减少病源。

（2）发病初期，可喷施 10% 苯醚甲环唑可湿性粉剂 2 000~3 000 倍液，或 75% 百菌清可湿性粉剂 800~1 000 倍液进行防治。

水杉赤枯病

- **发病症状**：主要危害水杉的叶片。一般从下部枝叶开始发病，逐渐向上发展蔓延，感病枝叶初生褐色小斑点，后变深褐色，小枝和枯枝变褐枯死。一般造成水杉叶片脱落，树木早衰，严重影响观赏效果。

- **病害病原**：半知菌类真菌。

- **发病规律**：病菌在寄主组织中越冬，翌年4~5月产生分生孢子，借风雨传播，萌发后从气孔侵入，形成初侵染。一个生长期内，分生孢子可多次侵染。高温多雨有利于该病大发生。

- **防治方法**：

（1）加强养护管理，保持适当的种植密度，合理修剪，增强通风透光性；加强水肥管理，增施磷钾肥，少施氮肥，增强树势，提高植株抗病性；及时清除病残叶及枯枝落叶，集中销毁，减少病源。

（2）发病初期，可喷施50%多菌灵可湿性粉剂800~1 000倍液，或70%甲基硫菌灵可湿性粉剂1 000倍液进行防治。

香樟赤斑病

- **发病症状**：主要危害叶片。发病初期，在叶缘、叶脉处形成近圆形或不规则形的橘红色病斑，边缘褐色，中央散生黑色小粒。随着病斑的扩大，叶面病斑连在一起，看上去像"半叶枯"，引起叶片提前大量脱落。
- **病害病原**：半知菌类真菌。
- **发病规律**：病菌在落叶病斑上越冬。翌年春季香樟叶子展开时，分生孢子随风、雨、虫传播到新叶上，从伤口、气孔处侵入叶内扩展蔓延，6~7月出现大量落叶、落果。
- **防治方法**：

  （1）加强养护管理，在冬季一定要将落叶、修剪的病枝枯叶集中销毁，减少病源。

  （2）发病初期，可喷施50%多菌灵可湿性粉剂800~1 000倍液，或80%代森锌可湿性粉剂800~1 000倍液，或70%甲基硫菌灵可湿性粉剂1 000~1 200倍液进行防治。

广玉兰炭疽病

- **发病症状**：多发生于叶片。一般自叶缘或叶尖开始发病，发病初期，病斑近圆形，灰白色，边缘暗褐色，后逐渐扩大为不规则形大斑，呈灰白色或黄褐色，病斑上无明显轮纹，其上散生黑色小粒点，病斑与健康组织分界明显。严重时造成叶枯或早期落叶。

- **病害病原**：半知菌类真菌。

- **发病规律**：病菌在病残组织中越冬，翌年春季随风雨传播，从伤口或气孔侵入。多发生在高温高湿的雨季，当植株生长衰弱时，更易发病。

- **防治方法**：

（1）加强养护管理，合理施用水肥，增强树势，提高植株抗病性；及时清除病叶落叶，集中销毁，减少病源。

（2）发病初期，及时喷施50%甲基硫菌灵可湿性粉剂600~800倍液，或50%多菌灵可湿性粉剂600~800倍液，或50%退菌特可湿性粉剂800~1 000倍液进行防治。

杜鹃褐斑病

- **发病症状**：主要危害杜鹃叶片。造成大量落叶，幼苗期甚至整株死亡。感病叶片初期生红紫色至红褐色小点，逐渐扩展成近圆形，或受叶脉限制为多角状不规则形病斑，直径1~5毫米，后期病斑黑褐色，中央有时灰白色，边缘不甚明显。病斑叶片正面色深而背面色浅，叶缘的病斑可以相互连接，潮湿时多在病斑表面生灰黑色小霉点。

- **病害病原**：半知菌类真菌。

- **发病规律**：病菌在病叶中越冬，翌年春季主要靠气流和雨水传播，侵染新的叶片，7~11月为发病期。多雨年份或温室栽培时，高温高湿情况下发病较重。生长衰弱、灼伤、虫害、冻伤及人为损伤处易发病。

- **防治方法**：

（1）及时摘除病叶，清除落叶，集中销毁，减少病源。

（2）栽植密度适当，保持通风透光；浇水时尽量避免叶面水分滞留；注意改良土壤，增施硫酸亚铁，防止叶片黄化。

（3）发病初期，可喷施65%代森锌可湿性粉剂500~600倍液，或50%多菌灵可湿性粉剂500~800倍液，或70%甲基硫菌灵可湿性粉剂800~1 000倍液进行防治。

草坪锈病

- **发病症状**：发病初期，在叶和茎上出现浅黄色斑点，随着病害的发展，病斑数目增多，叶、茎表皮破裂，散发出黄色、橙色、棕黄色的夏孢子堆。用手捋一下病叶，手上会有一层锈色的粉状物。草坪草受锈病危害后，会生长不良，叶片和茎变成不正常的颜色，生长矮小，光合作用下降，严重时导致草坪死亡。
- **病害病原**：担子菌类真菌。
- **发病规律**：病菌在病叶上越冬，翌年在温度适宜时孢子借风雨传播到寄主植物上发生侵染。主要发生在秋季，当炎热的夏季一过，气温有所下降，加上空气潮湿，病害会迅速发生。植株下部叶片发病重。高温多湿、通风不良均有利于病害的发生。植株生长势弱的发病较严重。当温度在 20~30℃ 时，有利于孢子的形成，尤其是叶片湿润有利于夏孢子的萌发和侵入。
- **防治方法**：

（1）加强养护管理，合理浇水，掌握不干不浇、浇则浇透的原则，浇水宜在上午，傍晚不可浇灌；平衡施肥，避免施用过量氮肥，增施磷钾肥和有机肥；及时疏草打孔，去除枯草层；适度修剪，修剪高度一般 3~5 厘米，增加通风透光。

（2）发病初期，可喷施 20% 三唑酮乳油 1 000~1 500 倍液，或 12.5% 烯唑醇可湿性粉剂 1 000~2 000 倍液，或 25% 丙环唑乳油 1 000~1 500 倍液进行防治。

草坪腐霉病

● **发病症状**：主要危害冷季型草坪。发病轻的幼苗叶片变黄，稍矮，此后症状可能消失。成株期根部受侵染，产生褐色腐烂斑块，根系发育不良，病株发育迟缓，分蘖减少，底部叶片变黄，草坪稀疏。在高温高湿条件下，草坪受害常导致根部、根茎部和茎、叶变褐腐烂，草坪上出现直径几厘米至几十厘米圆形黄褐色枯草斑，发展后可合并成较大的不规则形枯草块，湿度较大的清晨，草坪上可出现白色至灰色棉状菌丝。

● **病害病原**：鞭毛菌类真菌。

● **发病规律**：土壤和病残体中的卵孢子是最重要的初侵染源，在适宜的条件下形成休止孢子，萌发后，产生芽管和侵染菌丝，侵入幼苗或成株的根部以及其他部位，灌溉和雨水能短距离传播孢子囊和卵孢子。高温高湿有利于病菌侵染。

● **防治方法**：

（1）加强养护管理，合理灌水，掌握不干不浇、浇则浇透的原则，浇水宜在上午，傍晚不可浇灌；平衡施肥，避免施用过量氮肥，增施磷钾肥和有机肥；及时疏草打孔，去除枯草层；适度修剪，保持通风透光。

（2）每次修剪后及时清除病叶和病残体，并喷施 70% 代森锰锌可湿性粉剂 600~800 倍液，或 60% 百菌清可湿性粉剂 600~800 倍液进行保护；发病初期，可喷施 50% 甲霜灵可湿性粉剂 600~800 倍液，或 70% 噁霉灵可湿性粉剂 800~1 000 倍液，或 70% 甲基硫菌灵可湿性粉剂 800~1 000 倍液进行防治。

草坪褐斑病

- **发病症状**：危害多种草坪植物。病害发生早期往往是单株受害，受害叶片和叶鞘上病斑呈梭形或不规则形，初期病斑内部呈青灰色水浸状，边缘红褐色，后期病斑变褐色甚至整片叶呈水渍状腐烂。严重时病斑绕茎扩展可造成植株枯死，可形成几厘米至几米的枯草圈。在清晨有露水或高湿时，枯草圈外缘有由萎蔫的新病株组成的暗绿色至黑褐色的浸润圈，即"烟圈"。在修剪高度较高的黑麦草、早熟禾、高羊茅草坪上，常常没有"烟圈"。病害发生时能闻到霉味。
- **病害病原**：半知菌类真菌。
- **发病规律**：病菌在植物残体上越冬。夏季气温高、空气相对湿度大、降雨多，草株上露水、吐水丰富，有利于病菌大量侵染，造成病害猖獗发生。枯草层厚、低洼潮湿、偏施氮肥、植株旺长、修剪过低、灌水不当易发病。
- **防治方法**：

（1）加强养护管理。①合理施肥：在高温高湿天气来临之前或其间，要少施或不施氮肥，可少量增施磷钾肥，有利于提高草坪抗病性。②科学灌水：避免漫灌和串灌，保持良好的排水功能，避免傍晚灌水；及时打孔、疏草，以保持草坪通风透光。③及时修剪：高度在 5~6 厘米，避免过高或过低。

（2）进入高温高湿季节，定期（7~10 天）喷施 70% 代森锰锌可湿性粉剂、70% 甲基硫菌灵可湿性粉剂、50% 多菌灵可湿性粉剂、5% 井冈霉素水剂等药物，预防用药通常为 800~1 000 倍液，治疗时可用 300~500 倍液。发病严重地块或发病中心，可使用上述药剂，进行高浓度、大剂量灌根或泼浇，可有效控制病害扩张。

细菌性病害

  由细菌侵染引起的病害和真菌性病害在病状上有些表现很相似，较难区分，主要从病征上区分：细菌性病害没有类似真菌性病害那样的霉、毛、粉、锈、粒、丝、絮等赘生物，但往往会有腐烂、坏死、萎蔫、肿瘤等症状，且在潮湿时病部普遍有"菌脓"存在，常表现为植物细胞组织腐烂产生脓液、散发腐烂气味；植物细胞增生、组织膨大而形成瘤子或肿块。

  在园林生产实践中，细菌性病害发生较真菌性病害少，实际上细菌性病害和真菌性病害一般是混合发生的，只是大部分情况是真菌性病害占主导地位，因此在进行病害防治时也可以选择两种病害一起防治。防治细菌性病害主要用农用链霉素、土霉素等抗生素类杀菌剂或噻菌铜等铜制剂，部分杀菌剂（如春雷霉素、乙蒜素等）对细菌和真菌都有效果，但在应用时要注意用量和天气情况，避免发生药害。

桃细菌性穿孔病

● **发病症状**：主要危害叶片。发病初期，叶面出现水渍状小点，叶背也出现，逐渐扩大成紫褐色至黑褐色病斑，边缘角质化，周围呈水渍状黄绿晕环，随后病斑干枯脱落形成穿孔，有时数个病斑相连，形成一个大斑，焦枯脱落后形成一个大的穿孔，孔的边缘不整齐。

● **病害病原**：甘蓝黑腐黄单孢菌桃穿孔致病型细菌。

● **发病规律**：病菌在病枝组织内越冬。翌年春季气温上升时，潜伏的细菌开始活动，并释放出大量细菌，借风雨、昆虫传播，经叶片的气孔、芽、皮孔侵入。叶片一般于 5 月发病，夏季干旱时病势进展缓慢，至秋季，雨季又发生后期侵染。降雨频繁、温暖阴湿的天气，病害严重；干旱少雨时则发病轻。

● **防治方法**：

（1）加强养护管理，合理施肥，合理修剪，促使植株生长健壮，提高植株抗病性。

（2）及时剪除病叶病梢，及时清扫落叶、落果等，集中销毁，减少病源。

（3）发芽前，可喷施 3~5 波美度石硫合剂 1~2 次，消灭越冬病菌。发病初期，可喷施 72% 农用链霉素可湿性粉剂 2 000~3 000 倍液，或 20% 噻菌铜悬浮剂 500~800 倍液进行防治。

核桃细菌性黑斑病

● **发病症状**：主要危害核桃树的叶片、嫩梢、果实。叶片感病后，最先沿叶脉出现小黑点，后扩大呈近圆形或多角形黑斑，严重时病斑连片，造成穿孔；枝梢上病斑呈长条形，褐色，稍凹陷，严重时病斑包围枝条使上部枯死；果实受害后，开始果面上出现小而微隆起的黑褐色小斑点，后扩大成圆形或不规则形黑斑并下陷，无明显边缘，周围呈水渍状，果实由外向内腐烂。

● **病害病原**：黄单孢杆菌。

● **发病规律**：病菌在病梢或芽内越冬，可随雨水、昆虫传播。病菌从气孔、皮孔及各种伤口侵入，一年可侵染多次。4月开始发生，6~7月为发病高峰，夏季雨水频繁，植株伤口多时发病重。

● **防治方法**：

（1）加强养护管理，结合修剪，及时清除病果、病枝、病叶，集中销毁；对修剪伤口及其他伤口做好保护；加强水肥管理，多施磷钾肥，增强树势，提高植株抗病性。

（2）发芽前，喷施 3~5 波美度石硫合剂，消灭越冬病菌。发病初期，可喷施 72% 农用链霉素可湿性粉剂 2 000~3 000 倍液进行防治。

鸢尾细菌性软腐病

- **发病症状**：鸢尾受害后，新叶先端发黄，不久外面的叶片也发黄，全株立枯。病株根茎部发病时，地上部易拔起，球茎呈糊状腐败，有恶臭味。种植前块根发病时，有似冻伤状水渍斑点，下部变茶褐色，有恶臭味，具污白色黏渍。

- **病害病原**：胡萝卜软腐欧文氏菌胡萝卜致病变种和海芋欧文氏菌。

- **发病规律**：病菌在土壤和残茬上越冬。病菌经伤口侵入，借雨水、灌溉水和昆虫传播。6~9 月为病害发生期。在高温、高湿的环境下发病严重，尤其是土壤潮湿时发病多；种植过密、绿荫覆盖度大时易发病，连作地发病严重。

- **防治方法**：

（1）加强养护管理，及时分栽，避免植株过密，避免长时间积水。

（2）发病严重的土壤可用 0.3%~0.5% 高锰酸钾溶液进行消毒后再种植，或更换新土后种植；用沸水或 70% 酒精（乙醇）或 1% 硫酸铜溶液浸渍消毒农用工具。发病初期，可喷施 72% 农用链霉素可湿性粉剂 2 000~3 000 倍液，或链霉素加土霉素（10：1）的混合液进行防治。

月季根癌病

● **发病症状**：主要危害月季根部。在近地面或根茎部位接穗与砧木接合处附近产生大小不等的肿瘤，呈木质节结状，直径大小为数厘米，有时也发生在根、茎上，月季染病后生长不良、叶小株矮、缺少生机，花瘦弱或不开花。

● **病害病原**：根癌土壤杆菌或农杆菌。

● **发病规律**：土壤中的病菌通过伤口（如虫咬伤、机械损伤或嫁接口等）侵入植株，引起发病。碱性潮湿土壤利于病菌侵染，该病菌除侵染月季外，还可侵染樱花、桃树等观赏植物。这些树种不建议与月季混种或相邻种植。

● **防治方法**：

（1）发现病株及时挖除，集中烧毁，减少病源。

（2）加强苗木检疫，避免种植带菌苗。

（3）发病植株可人工切除肿瘤，并用 75% 敌磺钠可溶性粉剂 500~1 000 倍液对病株及周围土壤进行消杀。

鸡冠花细菌性穿孔病

● **发病症状**：主要危害叶片，也可危害花。叶片发病初期，病斑为水渍状圆形，扩展为椭圆形，内为灰褐色，边缘暗褐色，后期病斑处叶片脱落呈穿孔状，严重时侵染花，呈褐色腐烂状。

● **病害病原**：杆式细菌。

● **发病规律**：病菌在感病植株病残体上越冬，靠风雨、昆虫、浇水传播，雨后为发病高峰，7~10月发病严重。

● **防治方法**：

（1）种植地带防积水淹涝；种植前改善土壤，增加土壤通透性；及时拔除病残体，集中销毁，减少病源。

（2）发病初期，可喷施72%农用链霉素可湿性粉剂2 000~3 000倍液，或80%乙蒜素乳油1 500~2 500倍液进行防治。

病毒性病害

　　由病毒侵染引起的病毒性病害只有病状，没有病征，既无真菌性病害的霉、毛、霜、粉、锈、粒等病征，也无细菌性病害的菌脓或胶状液。其病原在植物组织内部，主要依靠蚜虫、蓟马、飞虱等昆虫取食传播，所以在病株和病田中常有此类昆虫残迹。从病状来诊断，病毒性病害通常表现为全株性病变，通常表现为花叶、小叶、畸形等，与非侵染性病害外在表现较为近似，区别为病毒性病害可单株发病，在病株周围可存仕健康植株，且病毒性病害发病植株难以通过人工治疗恢复健康，一般通过杀灭虫害避免传播，病毒性病害主要通过选择脱毒苗、无毒苗来预防。

月季病毒病（花叶病）

- **发病症状**：主要表现为沿叶脉褪绿，叶片上产生不规则形的浅黄色至橘黄色斑块，有的成环状或栎叶状花纹，有的出现小角斑、线形叶、局部畸形或黄脉或黄色花叶等。斑块附近小的叶脉透明。
- **病害病原**：已知侵染月季的病毒有蔷薇花叶病毒、南芥花叶病毒、李坏死环斑病毒、烟草条斑病毒等。
- **发病规律**：此类病毒主要通过人工嫁接、刺吸类害虫危害传播。气温10~20℃,光照强、土壤干旱或植株生长衰弱利于显症和扩展。夏季温度高常出现隐症或出现轻型花叶症。
- **防治方法**：

（1）因地制宜选育和种植抗病品种。

（2）在生长季节注意对蚜虫、叶蝉、蓟马等的防治，减少传毒媒介。

（3）提倡使用脱毒组织培养苗，注意采用无病接穗和砧木作繁殖材料。

（4）发病初期，可喷施5%菌毒清可湿性粉剂400~500倍液，或0.5%抗毒剂1号水剂300倍液，或20%毒克星可湿性粉剂500倍液，或20%病毒宁水溶性粉剂500倍液，或30%唑·铜·吗啉胍可湿性粉剂700倍液进行防治。

木瓜病毒病

● **发病症状**：嫩叶上出现黄绿相间或深浅绿色相间的花叶病状，产生疱斑、花叶、扭曲、褪绿并变硬脆等症状，影响木瓜树正常的生长，降低观赏价值，严重时主枝或整株死亡。

● **病害病原**：重要的有烟草花叶病毒和黄瓜花叶病毒。

● **发病规律**：上述病毒可通过媒介昆虫（蚜虫、介壳虫、叶蝉）、嫁接等方式传播。

● **防治方法**：

（1）嫁接育苗时要选用无毒苗，选用抗性强的品种和砧木。

（2）发现有媒介昆虫危害时要及时进行害虫防治，避免传播病毒病。

（3）加强水肥管理，提高木瓜树生长势，增强抗病耐病能力。

（4）发病初期，可喷施 30% 唑·铜·吗啉胍可湿性粉剂 800 倍液，或 20% 病毒灵可溶性粉剂 400 倍液，或 5% 菌毒清可湿性粉剂 200 倍液进行防治，7 天喷 1 次，连续喷 3~4 次，可有效抑制病害。

鸢尾花叶病

- **发病症状**：叶上发生明显的花叶，在褪色的中央形成褐色坏死斑点或坏死条斑。
- **病害病原**：芜菁花叶病毒，鸢尾花叶病毒，菜豆黄斑花叶病毒。
- **发病规律**：此类病毒主要通过蚜虫和带毒枝叶摩擦传播，用病株根茎或鳞茎作繁殖材料或蚜虫大发生时发病重。品种间抗病差异比较明显。
- **防治方法**：

（1）发现病株及时清理，拔除感病植株的球根并销毁；选用抗病毒品种。

（2）及时防治蚜虫。

（3）喷施 7.5% 克毒灵水剂 1 000 倍液，或 10% 病毒王水剂 500 倍液，对鸢尾花叶病有一定的抑制作用。

丛枝病

丛枝病是一种由植物菌原体侵染引起的病害，又称雀巢病、扫帚病。发病植株的新梢顶部的叶畸形，发病枝梢萎缩、卷曲，不久干枯全部脱落成为秃枝。发病严重的植株，新梢丛生，节间缩短，所生的侧枝节间亦变短缩，成丛生状、扫帚状的褐色无叶枝群。丛枝病开始时，只有个别枝发病，病枝细弱，叶形变小，有的病枝节数增多，延伸较长，病枝的侧枝丛生，丛生枝节间缩短，病株生长衰弱，秋后病枝多数枯死。

丛枝病主要通过嫁接、伤口、花粉及刺吸类害虫危害传播。丛枝病的防治方法主要是选用无病植株，加强对刺吸类害虫的防治；加强养护管理，促使植株生长健壮，提高植株抗病性。对发病较轻的植株，要及早剪除病梢。

泡桐丛枝病

- **发病症状**：主要危害枝、叶、芽，使腋芽和不定芽大量丛生，节间变短，叶片黄化变小，产生明脉，冬季小枝不脱落呈鸟巢状，严重的病株当年枯死，轻的几年后也会死掉。每年7~8月发病重。
- **病害病原**：植物菌原体。
- **发病规律**：主要以茶树蟧、叶蝉等刺吸类害虫为媒介传播，用病株根茎作无性繁殖材料或人工嫁接均是传播途径。
- **防治方法**：

（1）选用抗病品种。

（2）及时防治茶树蟧等媒介害虫。

（3）选用壮苗、大苗，使用脱毒材料育苗。

（4）发现病株及时处理，发病初期，可喷施四环素族抗生素4 000倍液进行防治；严重时可剪除病枝，并在伤口处涂抹土霉素加凡士林（1∶9）药膏。

枣疯病

- **发病症状**：果农称其为"疯枣树"或"公枣树"。主要表现为萼片、花瓣、雄蕊和雌蕊反常生长，成浅绿色小叶。树势较强的病树，小叶叶腋间还会抽生细矮小枝，形成稠密的枝丛。全树枝干上原是休眠状态的隐芽大量萌发，抽生黄绿细小的枝丛。

- **病害病原**：植物菌原体。

- **发病规律**：枣疯病可通过嫁接和分根传播。经嫁接传播，病害潜育期在25天至1年以上。发病初期，多半是从一个或几个大枝及根蘗开始，有时也会全株同时发病。症状表现是由局部扩展到全株，全树发病后，小树1~2年、大树3~5年即可死亡。土壤干旱瘠薄及管理粗放时发病严重。

- **防治方法**：

（1）选用抗病品种。

（2）及时防治叶蝉等媒介害虫。

（3）选用壮苗、大苗，使用脱毒材料育苗。

（4）发现病株及时处理，清除疯枝，铲除发病严重的植株。发病初期，每亩喷施0.2%氯化铁溶液75~100千克，5~7天喷1次，喷施2~3次，对于预防枣疯病具有良好效果。

线虫性病害

　　由线虫侵染引起的线虫性病害，病株多数不具病征，只有病状，在园林生产中主要表现为根腐和全株枯萎两大病状，一般为土传病害。线虫性病害大部分危害根部，地上部往往表现生长势弱，叶发黄，根系弱小或腐烂，有时和其他病原或不良因素引起的症状难以区别。因此必须经过分离得到较多的线虫，才能初步诊断是由线虫危害所引发的病害。线虫靠自行迁移而传播的能力是有限的，线虫远距离的移动和传播，通常是借助流水、病土搬迁、机具沾带病残体、带病的种子和苗木等来实现的，因此加强植物检疫可以有效地防治线虫病的传播，对已发生区域可使用专门的杀线虫剂来进行防治并注意对园林工具的消杀。

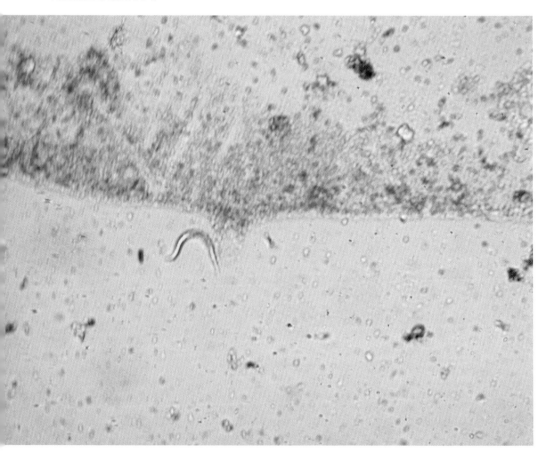

根结线虫病

- **发病症状**：根结线虫可危害多种植物，园林生产中较常见的有牡丹根结线虫、凌霄根结线虫、四季海棠根结线虫以及楸树、梓树等根结线虫。主要表现在细根上产生很多直径 3 毫米的根结，受害严重时，被害苗木根系瘿瘤累累，根结连接成串，后期瘿瘤龟裂、腐烂，根功能严重受阻，致使根末端死亡。病株地上部分生长衰弱、矮小、黄化，有的甚至整株枯死。

- **病害病原**：北方根结线虫。

- **发病规律**：该线虫多在土壤深 5~30 厘米处生存，常以卵或雌虫随病残体在土壤中越冬，病土、病苗及灌溉水是主要传播途径。春季，随着地温、气温逐渐升高，4 月中下旬越冬卵开始孵化为二龄幼虫，二龄幼虫在土壤中移动寻找根尖，由根冠上方侵入定居在生长锥内，其分泌物刺激导管细胞膨胀，使根形成虫瘿，或称根结。

- **防治方法**：

（1）及时清除病株，销毁病残体。

（2）选用无虫土育苗，移栽时剔除带虫苗，或将"根瘤"去掉。

（3）在生长期发病，可根施 5% 阿维菌素乳油 5 000 倍液进行防治。

菊花叶枯线虫病

● **发病症状**：主要危害菊属、大丽花属、福禄考属植物。该线虫主要危害叶片，同时也能侵染花芽和花。一般植株下部叶片最先受害。受线虫侵染的叶片，侵入点处很快变褐。以后褐色斑逐渐扩大，受叶脉限制而形成多角形或不规则形褐色病斑。最后，叶片卷缩，凋萎下垂，造成大量落叶。花器受侵染后，花不发育，即使开花，也长得细小畸形。花芽、花蕾干枯或退化，有的花芽膨大而不能成蕾。发病严重植株，开花前即枯死。

● **病害病原**：菊花叶枯线虫。

● **发病规律**：该线虫在病株、病残体上越冬，一般通过雨水、灌溉水传播，从叶子气孔钻入组织内危害。整个发育周期在被害组织内完成。只要温度、湿度适宜，线虫全年都可繁殖。

● **防治方法**：

（1）严格检疫，防止病区扩大。

（2）及时清除病株，销毁病残体。

（3）对与病苗、病土接触过的工具要及时消毒，对种过有病植株的土壤也要消毒。

（4）选用健康无病的插条作为繁殖材料，由于叶枯线虫不侵害茎部顶芽，也可利用顶芽作为繁殖材料。

（5）生长季节可根施5%阿维菌素乳油5 000倍液进行防治。

寄生性植物病害

寄生植物是指自身根系退化或不含叶绿素或只含很少、不能自制养分的植物，它们寄生于其他植物上，从所寄生的植物取得其所需的全部或大部分养分和水分，而使寄主植物逐渐枯竭死亡。主要可以分为两类：一类是半寄生种子植物，有叶绿素，能进行正常的光合作用，但根系多退化，导管直接与寄主植物相连，从寄主植物内吸收水分和无机盐。另一类是全寄生种子植物，没有叶片或叶片退化成鳞片状，因而没有足够的叶绿素，不能进行正常的光合作用，导管和筛管与寄主植物相连，从寄主植物内吸收全部或大部分养分和水分。

在园林日常管理养护实践中，由寄生植物侵染引起的寄生性植物病害最容易分辨和防治，如菟丝子寄生、桑寄生、槲寄生、苔藓、地衣寄生等，通过人工清除或灭杀剂可以进行较有效的防控。

菟丝子寄生

● **发病症状**：菟丝子能利用爬藤状构造攀附在其他植物上，吸取养分以维生，其藤茎生长迅速，常缠绕枝条，甚至把整个树冠覆盖，严重影响叶片的光合作用，它的吸器不仅吸收寄主的养分和水分，而且给寄主的输导组织造成机械性障碍，致使寄主生长不良，甚至成片死亡；同时菟丝子也是传播某些植物病害的媒介或中间寄主，除本身有害外，还能传播由植物菌原体引起的病害和病毒性病害等。

● **发病规律**：菟丝子有很强的繁殖能力，结实量很大，菟丝子的种子有休眠作用，在土壤中多年，仍有萌发能力，所以一旦田地被菟丝子侵入后，连续数年均会遭菟丝子危害；

菟丝子有很强的适应能力，即使在很贫瘠的地方，只要有植物生长，菟丝子就能够很好地生长；菟丝子的寄主很广泛，豆科、菊科、杨柳科、蔷薇科、无患子科等许多木本和草本植物都能受其危害。

● **防治方法**：

（1）加强植物检疫。加强苗木、种子的检疫与监管，防止菟丝子随植物产品的调运人为传播蔓延。

（2）人工清除。在菟丝子种子萌发期前进行中耕除草，可以深埋种子，也可以除掉幼苗借以攀附的杂草；春末夏初发现菟丝子幼苗，应及时拔除销毁；结合修剪，剪除有菟丝子寄生的枝条，并及时销毁。

（3）化学防治。可施用敌草腈、五氯酚钠、扑草净、麦隆等除草剂，应在技术人员的指导下进行防治，避免对被寄生植物造成损害。

苔藓、地衣寄生

● **发病症状**：苔藓、地衣主要贴生在植株主干、中心干和大枝上，灰绿色或浅褐色，易生于阴湿的环境中，其根侵入林木植物的皮层，掠夺树体养分，严重时由一个个藓斑结成一片片大的藓块，包裹树干，影响呼吸，增大湿度，加重树木腐烂病的发生，使受侵染的植株生长不良。

● **发病规律**：苔藓、地衣在早春气温升高至10℃以上时开始生长，产生的孢子经风雨传播蔓延，附着在植株的枝干上，在潮湿而温暖的春夏之间蔓延最快，干热的盛夏期发展缓慢，到秋凉时继续发展，冬季停止发展。苔藓、地衣多发生在管理粗放、环境阴湿、土壤黏重环境中的树龄大、树皮粗糙、树势衰弱的植株上。

● **防治方法**：

（1）合理修剪。适时开展冬剪和夏剪，改善林木植物的通风透光条件，雨季做好排水，降低园地土壤和空气相对湿度，创造一个不利于苔藓、地衣生长的环境条件，提高植株的抗逆能力。

（2）人工清除。发生苔藓、地衣寄生应随即清除，防微杜渐，以防酿成大害。

（3）喷施石硫合剂。对苔藓、地衣可于冬春结合清园消毒，喷施1~2次石硫合剂，使其组织受强碱性杀伤、破坏而死。

非侵染性病害

非侵染性病害是由非生物因子引起的植物病害，如营养、水分、温度、光照和有毒物质等，阻碍植株的正常生长而出现不同病状。这些由非生物因子引起的病害不能相互传染，故称为非侵染性病害。这类病害由非生物致病因素使植物发生一系列病理变化，并表现出一定特性的病状，但这些病害不能传染，没有侵染过程。园林生产中常见的非侵染性病害一般可分为两种：

1.物理因素所致病害，如温度、光照、土壤水分、特殊天气等导致的植物受害，常见的有冻害、日灼、沤根、风害等。

2.化学因素恶化所致病害，如缺素、有毒物质的污染与毒害、土壤和水的酸碱性、农药及化学制品使用不当造成的药害等，常见的有黄化病、小叶病、花叶病、药害等。

非侵染性病害没有病征，也没有明显的发病中心，一般为大面积普遍发生，若采取相应的措施改变环境条件，大部分非侵染性病害可以恢复。在园林日常养护管理工作中，可通过适时浇（控）水、施肥、松土、改变日照通风环境、调节酸碱度等措施预防和防治这些非侵染性病害。

破腹病

● **发病症状**：危害杨、榆、柳等高大乔木，主要危害中龄和老龄树的主干，多发生在树干中下部的西南侧。发病初期，树皮出现纵向长条裂缝，不久裂缝加宽，深达木质部，裂缝中显白色，缝内有许多撕裂的白色木丝，后顺裂缝的下端开始流出清水状液体，流液逐渐加深为黑色。通常情况下裂缝的边缘形成新的愈伤组织，随着树木的生长，破裂的皮层逐渐脱落，破裂处木质部外露，木质部腐朽，可能伴有腐烂病的发生。

● **常见病因**：昼夜温差过大，气温忽高忽低，树干横向生长不均匀，属生理性病害。

● **发病规律**：影响发病的因素主要有温度、风、树种、栽植状况等。早晚温差大，西南侧的树干白天接受大量的光和热，晚上韧皮部首先接触低温，向外放出热量，热胀冷缩达到一定程度后，组织发生生理性变化，表皮出现裂缝，而非冻裂。行道树、零星种植的树发病较重。

● **防治方法**：

（1）加强科学管理，控制氮肥的追施和灌水工作，防止树木徒长。

（2）冬季树干涂白，可有效预防破腹病发生。

（3）及时把树干纵裂两侧的病变组织及老皮刮除，涂抹伤口愈合剂，促使裂缝两侧长出新组织，恢复植株的生长势。

黄化病

- **发病症状**：危害香樟、广玉兰、玫瑰等。由于生理原因植物茎叶的部分或全部褪绿，而出现黄化或黄绿化的现象。多发生于嫩梢新叶上，初期叶脉间叶肉褪绿，后逐渐变成黄白色，但叶脉仍保持绿色，使病叶呈网纹状。随着黄化程度逐渐加重，除主脉外，全叶变成黄色或黄白色。严重时，沿叶尖、叶缘向内焦枯，顶梢干枯，甚至死亡。

- **常见病因**：该病病因较多，如土壤营养元素缺乏、环境胁迫，水分过多或缺水、光照过强或过弱、低温、土壤酸或碱等都会引起叶片黄化。缺铁性黄化病主要是由于土壤缺铁或铁素不能被吸收利用，因而影响叶绿素形成，使叶片变黄变白。

- **发病规律**：同一立地环境下的同种植物同时发病，但并不传染扩散，通过补充所缺元素或改变立地环境等人工养护管理手段可使发病植物症状好转或复原。

- **防治方法**：

  （1）营养元素缺乏导致的黄化病一般采用缺啥补啥的方法，如缺铁型黄化可根施硫酸亚铁或喷施螯合铁溶液，缺多种元素黄化的可喷施多元素叶面肥。

  （2）土壤改良是预防黄化病发生的有效方式。种植前发现种植土质量太差，应采取改良、施肥和客土等措施，使土壤 pH 保持在 5.5~6.0，并疏松透气。

  （3）硬化地面种植时，树穴大小应与所种苗木规格相符，尽量使用透水砖或透水混凝土，以保证植物根系能健康生长。

生理性流胶病

- **发病症状**：流胶病是桃、杏、李、大樱桃、雪松等最重要的枝干病害，主要发生在主干及主干与大枝的分杈处，侧枝及小枝几乎不发病。树胶从树皮上溢出，形成水滴状或近圆形颗粒，新鲜时为浅黄色透明胶体，一段时间后变为深褐色或乳白色。流胶病会导致树势衰弱，严重时会导致植株死亡。

- **常见病因**：流胶病主要是由于霜害、冻害、病虫害、水分过多或不足、施肥不当、修剪过重、结果过多、土质黏重或土壤酸度过高等原因引起的。

- **发病规律**：流胶病主要发生在 3~11 月，雨季发病重，盐碱地或土壤板结、积水处植株易发病，大龄树发病重，幼龄树发病轻。

- **防治方法**：

（1）加强养护管理，增强树势，多施有机肥，适量增施磷、钾肥，中后期控制氮肥，雨季做好排水，避免植株长时间泡水；合理修剪，保持稳定的树势，同时防治好其他病虫害，减少病虫伤口和机械伤口，冬季进行树干涂白。

（2）发病时刮除流胶硬块及其下部的腐烂皮层及木质，涂抹甲基硫菌灵、石硫合剂等药物，一般涂抹 2~3 次，间隔 3~5 天，必要时可多涂抹几次。

日灼病

- **发病症状**：主要是一些喜阴及弱阳性植物易受害，如八角金盘、洒金珊瑚、红枫、金丝桃、玉簪等。枝干、叶片均可能受害，通常是植物在高温、干旱、强光条件下被灼伤。主干、大枝向阳面或夏季西晒严重时外皮受到灼伤，呈不规则形的焦煳斑块，有时造成韧皮部与木质部剥离，开裂后向四周萎缩坏死，逐渐露出内侧的木质部；叶片被灼伤后，会出现叶尖、叶片边缘泛黄变褐卷曲，或新叶嫩叶变黑坏死。

- **常见病因**：日灼病属生理性病害，受强烈日光照射所致。高温，强光环境，植物长势衰弱、缺水、长时间阴雨或遮阴环境下生长出的嫩枝嫩叶突遇强光环境均有可能造成日灼伤害。

- **发病规律**：影响发病的因素主要有温度、光照、植物品种、栽植管理状况等。土壤缺水、天气干热、雨后暴热或植物长势衰弱都易诱发日灼病。浇水方法不当，也可能产生灼伤，如夏季中午高温强光下给叶面浇水，易引起叶片灼伤，产生棕色的斑点或斑块。

- **防治方法**：

（1）适地适树。合理选择植物品种，在强光环境下种植耐强光植物。

（2）树干涂白或在新种植的树木或西晒严重处的树木，用草绳或无纺布捆绑，也能有效防止树干被灼伤。

（3）在高温季节，定期喷洒保护性杀菌剂，在预防侵染性病害发生的同时可在植物叶片表面形成一层白色保护薄膜，能反射强光，可以起到一定的保护作用。

植物药（肥）害

- **发病症状**：几乎所有植物均可能受害。其症状表现多为叶面和嫩芽上产生黄化、褪绿、药斑、焦枯、卷叶、落叶、畸形等现象，受害后轻则影响植株生长，丧失观赏价值，重者可致整株死亡。

- **常见病因**：各类农药、肥料使用不当，尤其是除草剂使用不当危害最为严重。

- **发病规律**：植物萌芽期、幼苗期等对农药、肥料敏感时期过量施用农药、肥料导致药（肥）害发生；高温、干旱、大风等不良天气下施用农药也易造成药（肥）害发生；部分植物对特定农药敏感，施用不当易产生药（肥）害，例如：桃树、李树对铜制剂敏感，易产生药害。

- **防治方法**：

（1）选用适宜的农药品种，根据农药的性能及植物对农药的敏感性，选用适宜的农药种类；避开植物对农药敏感的时期用药，避免在恶劣天气用药，尤其是除草剂，否则易造成药害。

（2）掌握合理的用药（肥）量，不用伪劣或失效农药。

（3）合理复配混合使用农药，通过复配混用，可减少单剂用量，从而避免产生药害。

（4）发生药（肥）害初期，可以采取冲洗的方式，用清水多次喷洒冲洗植株或大量浇水，减少药物、肥料的残留，还可以使用一些性质相反的药物解毒剂，起到缓解调和的作用。

植物涝害

- **发病症状**：主要危害不耐水的植物品种，如银杏、广玉兰、雪松、月季等。植物涝害是指土壤水分过多对植物产生的伤害，包括土壤过湿，土壤含水量超过土壤最大持水量或地面积水，引起植物根部缺氧，使根部无法正常呼吸和吸收营养。涝害初始表现为植物叶片不正常卷曲萎蔫，严重时叶片干枯吊死在枝干上并不脱落，植物根部皮层发黑，严重时根系腐烂，有发酵酒精味。

- **常见病因**：长时间积水导致植物根部遭持续浸泡或持续下雨或持续过量浇水使土壤长时间保持过大的含水量，土壤含氧量降低。

- **发病规律**：栽植于黏性大或透水性差的土壤，或地势低洼长时间积水的地段，植物易受涝害；新栽植植株栽植过深或浇水过于频繁，且松土不及时，也易受涝害。

- **防治方法**：

（1）适地适树，在低洼易积水的地段选择种植耐涝的植物品种，如垂柳、旱柳、水杉、白蜡等。

（2）适当营造微地形，起到抬高地势、有利排水的作用。

（3）在黏性大或透水性差的土壤种植时，应改良土壤，可采用掺施泥炭土、蛭石等改良，使其疏松透水，栽植时应浅栽高培土，避免深栽；及时人工排水，避免植物长时间浸泡。

植物冻（风）害

- **发病症状**：主要危害香樟、夹竹桃、茶梅等抗寒性较差的植物，生长不良、木质化不充分的幼树小苗也会受害。可分为根系冻（风）害、枝干冻（风）害和叶芽冻（风）害。根系冻（风）害：一般发生在冬季低温干旱时，特别是新栽植植株，栽植较浅又无保护措施，一般较难发觉。开春发芽一段时间后突然莫名死亡，多与根系受到冻害有关。枝干冻（风）害：多与枝干木质化程度有关，秋季徒长或冬季突然大风降温易导致枝干受冻害，一般表现为皮层变色、坏死凹陷或产生纵裂，严重时整个枝条枯萎。叶芽冻（风）害：叶片受害较轻微时，叶片变黄或叶缘变黄变褐，严重时整个叶片变为灰褐色或黄褐色，芽受冻后多干缩枯死脱落。
- **病害病原**：极端低温，干旱、大风天气或突降暴雪易导致冻害产生。
- **发病规律**：幼树小苗易受冻害，西北坡或风口处易受冻害。
- **防治方法**：

（1）适地适树，合理选择植物品种和合适的立地环境。

（2）加强管理措施，如及时浇灌封冻水、设立人工风障保护、覆土保护根部等，减小天气的影响；强化水肥管理，在秋季注意控水，适当施用磷钾肥，促进枝条充分木质化，提高植株抗寒能力。

（3）喷施保护剂，在降温前喷施防冻液。受害植株应及时进行修剪，对已受冻害枯死或受害严重的枝条及时减除，以免扩大受冻部分。

园林植物虫害篇

刺吸类害虫

　　刺吸类害虫非常常见，如蚜虫、叶螨、介壳虫、木虱、蜡类等。它们常群居于嫩枝、叶、芽、花蕾、果上，汲取植物汁液，造成植物褪绿、枝叶卷曲甚至整株枯萎或死亡，同时传播煤污病、病毒病，对园林植物危害巨大。

　　此类害虫大多个体体形较小但繁殖力强、数量多，具有较强的隐蔽性，且植物受害初期症状不明显，往往发现已是虫口大暴发，对园林植物造成严重危害。由于大部分此类害虫普通繁殖速度快，彻底灭杀较为困难，在防治上主要以控制虫口密度，减小危害程度为目的。应在发生初期（若虫期）进行防治，注意"防早防小"。

　　在防治上可采取保护或释放天敌、人工诱杀、清除卵叶等物理手段；同时结合化学防治。化学防治主要通过喷施触杀性农药、内吸性农药，或植物生物制剂，或根施或灌根施用内吸性农药进行防治。根施或灌根防治起效慢，需提前施用。同时，刺吸类害虫容易产生抗药性，所以在施用农药时应注意交替使用或复配使用。

侧柏大蚜

- **分类地位**：半翅目大蚜科。
- **寄主范围**：侧柏、垂柏、龙柏、洒金柏等。
- **形态特征**：有翅孤雌蚜体长约3毫米，腹部咖啡色，胸、足和腹管墨绿色。无翅孤雌蚜体长约3毫米，咖啡色略带薄粉，额瘤不显，触角细短。卵椭圆形，初为黄绿色，孵前黑色。若蚜与无翅孤雌蚜相似，暗绿色。
- **发生规律**：一年可发生多代，5月中旬出现有翅蚜，进行迁飞扩散，5~6月、9~10月为两次危害高峰，以夏末秋初危害最严重。
- **危害症状**：嫩枝上虫体密布成层，大量排泄蜜露，引发煤污病，轻者影响树木生长，重者造成失水，极容易干枯死亡。
- **防治方法**：

（1）生物防治：保护和利用天敌，如七星瓢虫、异色瓢虫、日光蜂、蚜小蜂、大灰食蚜蝇、草蛉和食蚜虻等。

（2）人工防治：冬季剪除着卵叶，集中烧毁，消灭虫源。

（3）化学防治：发生初期，可喷施50%吡蚜酮可湿性粉剂1 000~1 200倍液，或25%吡蚜酮·仲丁威乳油800~1 000倍液进行防治。也可在冬末春初用21%噻虫嗪悬浮剂500~800倍液灌根进行防治。

槐蚜

- ● **分类地位**：半翅目蚜科。
- ● **寄主范围**：槐树、刺槐、紫穗槐及小冠花属、锦鸡儿属等园林植物。
- ● **形态特征**：有翅胎生雌蚜长卵圆形，黑色至黑褐色，体长1.6毫米，翅展2.8毫米，翅灰白色透明，腹管细长呈黑色，腹部色浅，具黑色横斑纹。无翅胎生雌蚜卵圆形，长约2毫米，较肥胖，漆黑色至黑褐色，有光泽，头、胸及腹部第1~6节背面有明显六角形网纹，腹部第7节、第8节有横纹。若蚜体长约1毫米，黄褐色至黑褐色，腹管长。卵长约0.5毫米，初为浅黄色，渐变为黑绿色。
- ● **发生规律**：一年可发生多代，5月上旬危害刺槐、槐树等豆科植物，5~6月、8~10月是危害盛期。
- ● **危害症状**：若虫群集刺槐新梢吸食汁液，引起新梢弯曲，嫩叶卷缩，枝条不能生长，同时其分泌物常引起煤污病。
- ● **防治方法**：

（1）生物防治：保护利用食蚜瓢虫、食蚜蝇、草蛉、蚜茧蜂、小花蝽等天敌。

（2）化学防治：危害期可喷施1.2%苦·烟乳油800~1 000倍液，或10%吡虫啉可湿性粉剂1 000~1 500倍液，或25%吡蚜酮·仲丁威乳油1 500倍液进行防治。也可在树干基部打孔注射药剂，或围绕树干刮去老树皮，并涂抹5~10厘米宽的药环。

柳黑毛蚜

- **分类地位**：半翅目毛蚜科。
- **寄主范围**：垂柳、杞柳、龙爪柳等。
- **形态特征**：无翅胎生雌蚜体卵圆形，长约 1.4 毫米，体黑色，体表粗糙，胸背圆形粗刻点，构成瓦纹，腹管截断形，有很短的瓦纹尾片瘤状。有翅胎生雌蚜体长卵形，长约 1.5 毫米，体黑色，腹部有大斑，节间斑明显，触角长，超过体长一半，腹管短筒形。
- **发生规律**：一年可发生多代，每年 3~4 月越冬卵孵化危害。5~6 月发生量大，危害严重。
- **危害症状**：柳黑毛蚜是以口针刺入叶片取食，导致叶片常卷曲变黄并枯死，同时排泄大量蜜露在叶面上引起黑霉病。大发生时整株柳树叶片全部变黄，失去观赏价值，甚至导致柳树死亡。
- **防治方法**：

（1）人工防治：放置黄色黏虫板诱杀成虫。

（2）生物防治：保护利用瓢虫、草蛉、螳螂、猎蝽、食蚜蝇、蚜茧蜂、蜘蛛等天敌。

（3）化学防治：若蚜大量发生期，可喷施 2.5% 溴氰菊酯乳油 800~1 000 倍液，或 3% 除虫菊酯水乳剂 1 000~1 500 倍液进行防治。

柳瘤大蚜

- **分类地位**：半翅目大蚜科。
- **寄主范围**：白柳、毛柳、垂柳等。
- **形态特征**：有翅蚜体长 4 毫米左右，体灰黑色，被有细毛，翅透明，翅痣细长，腹管扁平，足暗红褐色，后足特长。无翅蚜体长 4 毫米左右，体灰黑色，被有细毛，后足特长，腹部肥大，第 5 腹节背中央有锥形突起瘤，腹管扁平圆锥形，尾片半月形。
- **发生规律**：一年可发生多代，春季开始活动，4~5 月大量繁殖，形成灾害。7~8 月高温多雨，虫口密度明显下降。9~10 月再度猖獗危害，11 月下旬开始潜藏越冬。
- **危害症状**：大量发生时，所分泌的蜜露如下微雨，地面上有层褐色黏液。若蚜和成虫多群集在幼枝分杈处和嫩枝上危害，吸食汁液，分泌蜜露，常引起煤污病发生。
- **防治方法**：
  （1）人工防治：安置黄色胶板或黄色灯光诱杀有翅成蚜。
  （2）化学防治：成蚜、若蚜发生期，可喷施 10% 吡虫啉可湿性粉剂 1 000~1 500 倍液，或 21% 噻虫嗪悬浮剂 1 000~2 000 倍液进行防治。

棉蚜

- **分类地位**：半翅目蚜科。
- **寄主范围**：木槿、石榴、菊花、牡丹、紫叶李、玫瑰等。
- **形态特征**：无翅胎生雌蚜体长不到 2 毫米，体黄色、深绿色或暗绿色，触角长约为体长的一半，复眼暗红色，腹管黑青色，尾片青色。有翅胎生雌蚜体长不到 2 毫米，体黄色、浅绿色或深绿色，触角比身体短，翅透明。卵初产时为橙黄色，后变为漆黑色，具光泽。
- **发生规律**：一年可发生多代，4~5 月开始危害菊花等夏寄主，10 月产生有翅迁移蚜迁到冬寄主上，与雄蚜交配后产卵，以卵越冬。
- **危害症状**：以成虫和若虫群集在寄主的嫩梢、花蕾、花朵和叶背上，吸取汁液，使叶片皱缩，叶表有蚜虫排泄的蜜露，可滋生霉菌，诱发煤污病。
- **防治方法**：

（1）人工防治：可结合修剪防治，冬季剪除有虫卵的枝条，铲除园中杂草，结合夏剪剪除被害枝梢，可有效减少虫源。

（2）化学防治：危害期可喷施 3% 啶虫脒乳油 1 000~1 500 倍液，或 2.5% 高效氯氟氰菊酯乳油 1 500 倍液，或 2% 阿维菌素乳油 1 000~2 000 倍液进行防治。

松大蚜

- **分类地位**：半翅目大蚜科。
- **寄主范围**：雪松、油松、赤松、樟子松、马尾松等。
- **形态特征**：无翅蚜头小，腹大，黑褐色，体长 3~4 毫米，宽 3 毫米，近球形，触角刚毛状，复眼黑色。有翅蚜分雌、雄两种，雄蚜腹部窄，雌蚜腹部宽，翅透明，两翅端部有一翅痣。卵长 1.3~1.5 毫米，长圆柱形，刚产出时为白绿色，渐变为黑绿色，卵上常被有白色蜡粉粒。若虫体形较小，新孵化若虫淡棕褐色。
- **发生规律**：一年可发生多代，以卵在松针上越冬。若虫长成后胎生繁殖，出现有翅蚜后进行扩散，在 10 月中旬出现性蚜，交配后，雌虫产卵越冬。5~6 月、10 月为危害高峰。
- **危害症状**：以成虫、若虫刺吸干、枝汁液，导致松针尖端发红发干，枯针、落针明显。松针上蜜露可诱发煤污病，影响松树生长。
- **防治方法**：

  （1）人工防治：冬季剪除着卵叶，集中烧毁，消灭虫源。

  （2）生物防治：保护利用七星瓢虫、异瓢虫、二星瓢虫等天敌。

  （3）化学防治：危害期可喷施 5% 阿维·高氯乳油 1 000~2 000 倍液，也可在冬末春初用 21% 噻虫嗪悬浮剂 500~800 倍液灌根进行防治。

桃粉蚜

● **分类地位**: 半翅目蚜科。

● **寄主范围**: 桃、李、杏、樱桃、梅等。

● **形态特征**: 有翅胎生蚜体长约 2 毫米，被有白色蜡粉，头胸部暗黄色，复眼赤色，胸疣黑色，腹部黄绿色，腹管暗绿色至黑色，短小，尾片淡黄色，背部有刚毛，两侧各有 2 根刚毛。无翅胎生蚜体长约 2.3 毫米，黄绿色，没有胸疣，体上布满白色蜡粉。卵椭圆形，初为绿色，后变为黑褐色。

● **发生规律**: 一年可发生多代。以卵在桃、李等树枝上越冬，翌年 3 月开始孵化，产生有翅胎生蚜，5 月间大量繁殖，6 月以后有翅蚜迁到禾本科植物上，10 月以后又迁回桃、李等寄主上，产生有性雌、雄蚜，交配后产卵越冬。

● **危害症状**: 群集于枝梢和嫩叶背面吸汁危害，被害叶向背对合纵卷，叶背常有白色蜡状分泌物，引起煤污病发生，严重时枝叶呈暗黑色。

● **防治方法**:

（1）人工防治: 在卵量大的情况下，结合冬季修剪，除去有虫卵的枝条，消灭越冬卵。

（2）生物防治: 保护利用瓢虫、草蛉、食蚜蝇等天敌。

（3）化学防治: 危害期可喷施 50% 灭蚜松乳油 1 000~1 500 倍液，或 10% 吡虫啉可湿性粉剂 1 000~1 500 倍液进行防治。

● **分类地位**：半翅目蚜科。

● **寄主范围**：桃、碧桃、樱桃等。

● **形态特征**：无翅胎生雌蚜体长约 2.0 毫米，长椭圆形，体色多变，有深绿色、黄绿色、黄褐色，头部黑色，额瘤显著，中胸两侧有瘤状突起，腹背有黑色斑纹，腹管圆柱形，尾片短小，末端尖。有翅胎生雌蚜体长约 1.8 毫米，翅展约 5 毫米，淡黄褐色，额瘤显著，向内倾斜，触角丝状 6 节，翅透明脉黄色，腹管圆筒形，尾片圆锥形。若虫与无翅胎生雌蚜相似，体较无翅胎生雌蚜小，有翅芽，淡黄或浅绿色，头部和腹管深绿色。卵黑色。

● **发生规律**：一年可发生多代，有世代重叠现象。以卵在桃、樱桃等果树的枝条、芽腋处越冬，翌年寄主发芽后孵化为干母，群集在叶背取食危害。5~7 月是桃瘤蚜的繁殖、危害盛期，此时产生有翅胎生雌蚜迁飞到艾草等菊科植物上危害，10 月又迁回到桃、樱桃等果树上，产生有性蚜，交尾后产卵越冬。

● **危害症状**：群集在叶背吸食汁液，以嫩叶受害危重，受害叶片的边缘向背后纵向卷曲，卷曲处组织肥厚，似虫瘿，初呈淡绿色，后变红色；严重时大部分叶片卷成细绳状，最后干枯脱落。

● **防治方法**：

（1）人工防治：早春修剪虫、卵枝，减少虫、卵源。

（2）生物防治：保护利用龟纹瓢虫、七星瓢虫、中华大草蛉、食蚜蝇、蚜茧蜂、蚜小蜂等天敌。

（3）化学防治：发生期可喷施 5% 阿维·高氯乳油 1 500~2 000 倍液，或 2.5% 高效氯氟氰菊酯乳油 1 000~2 000 倍液，或 4.5% 高效氯氰菊酯乳油 2 000 倍液进行防治。

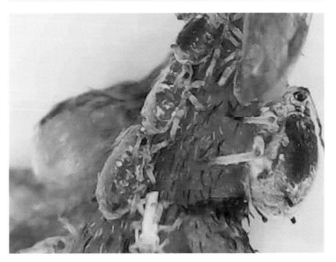

桃蚜

- **分类地位**: 半翅目蚜科。
- **寄主范围**: 梨、桃、李、梅、樱桃等。
- **形态特征**: 无翅孤雌蚜体长约 2.6 毫米，宽 1.1 毫米，体色有黄绿色、洋红色，腹管长筒形，尾片黑褐色，尾片两侧各有 3 根长毛。有翅孤雌蚜体长约 2 毫米，腹部有黑褐色斑纹，翅无色透明，翅痣灰黄色或青黄色。有翅雄蚜体长 1.3 ~ 1.9 毫米，体色有深绿色、灰黄色、暗红色、红褐色，头胸部黑色。卵椭圆形，长 0.5 ~ 0.7 毫米，初为橙黄色，后变为漆黑色，具光泽。
- **发生规律**: 一年可发生多代，早春晚秋 19 ~ 20 天完成一代，夏秋高温时期，4 ~ 5 天繁殖一代。一只无翅胎生蚜可产出 60 ~ 70 只若蚜，产卵期持续 20 余天。
- **危害症状**: 成虫和若虫在叶片、嫩茎、花梗等部位吸食植物体内的汁液。危害叶片时，多在叶片背面危害，严重时叶片变黄、皱缩。分泌蜜露，诱发煤污病。

- **防治方法**:

    （1）人工防治：放置黄黏板诱杀成虫。

    （2）化学防治：发生期可喷施 2.5% 溴氰菊酯乳油 1 000~1 200 倍液，或 10% 二氰苯醚酯乳油 1 000~2 000 倍液，或 10% 氯氰菊酯乳油 1 500 倍液进行防治。

绣线菊蚜

● **分类地位**：半翅目蚜科。

● **寄主范围**：绣线菊、麻叶绣球、榆叶梅、海棠、樱花、枇杷等。

● **形态特征**：无翅胎生雌蚜成虫体长约1.6毫米，长卵圆形，黄色、黄绿色或绿色，头浅黑色，具10根毛，口器、腹管、尾片黑色。有翅胎生雌蚜成虫体长约1.5毫米，近纺锤形，头部、胸部、腹管、尾片黑色，腹部淡绿色至黄绿色。口器黑色，复眼暗红色。若虫鲜黄色，复眼、触角、足、腹管黑色。卵椭圆形，初为淡黄色至黄褐色，后变为漆黑色，具光泽。

● **发生规律**：一年可发生多代，6~7月虫口密度迅速增长，8~9月雨季虫口密度下降，10~11月产生有性蚜，交配后产卵越冬。

● **危害症状**：以成虫、若虫刺吸叶和枝梢的汁液，叶片被害后向背面横卷，影响新梢生长及树体发育。

● **防治方法**：

（1）人工防治：结合夏剪，剪除被害枝梢，消灭虫卵。

（2）生物防治：保护利用瓢虫、草蛉、食蚜蝇、蚜茧蜂等天敌。

（3）化学防治：发生期可喷施50%抗蚜威可湿性粉剂1000~2000倍液，或10%氯氰菊酯乳油1500~2000倍液，或50%吡蚜酮可湿性粉剂1000~1200倍液，或25%吡蚜酮·仲丁威乳油800倍液进行防治。

月季长管蚜

● **分类地位**：半翅目蚜科。

● **寄主范围**：月季、蔷薇、玫瑰、梅花等。

● **形态特征**：无翅孤雌蚜体长约 4.2 毫米，长椭圆形，头部浅绿色至土黄色，胸、腹部草绿色，有时红色，触角淡色，各节间处灰黑色，尾片、尾板淡色，刺突黑色。有翅孤雌蚜体长约 3.5 毫米，草绿色，中胸土黄色或暗红色，腹部各节有中斑、侧斑、缘斑，腹管黑色至深褐色，尾片、尾板灰褐色。初孵若蚜体长约 1 毫米，初为白绿色，渐变为淡黄绿色。

● **发生规律**：一年可发生多代，气温 20℃ 左右且干旱少雨时，有利于其发生与繁殖。盛夏连续阴雨天不利于蚜虫发生与危害。秋季又许回月季等冬寄主上危害与产卵。每年以 5~6 月、9~10 月发生严重。

● **危害症状**：在春、秋两季群居危害新梢、嫩叶和花蕾，使花卉长势衰弱，不能正常生长，乃至不能开花。

● **防治方法**：

（1）人工防治：用黄色黏胶板诱杀有翅蚜虫。

（2）生物防治：保护利用寄生性的蜂类和捕食性的瓢虫类等天敌。

（3）化学防治：发生期可喷施 50% 灭蚜松乳油 1 000~1 500 倍液，或 50% 抗蚜威可湿性粉剂 1 000~1 200 倍液，或 2.5% 溴氰菊酯乳油 1 500~2 000 倍液进行防治。

紫薇长斑蚜

- **分类地位**：半翅目斑蚜科。
- **寄主范围**：紫薇。
- **形态特征**：无翅胎生雌蚜体长1.6毫米左右，长椭圆形，体黄绿色或黄褐色，头、胸部黑斑较多，腹背部有灰绿色和黑色斑，触角6节，黄绿色，腹管短筒形。有翅胎生雌蚜体长约2毫米，长卵形，体黄色或黄绿色，具黑色斑纹，触角6节，前足基节膨大，腹管截短筒状。
- **发生规律**：一年可发生多代，6~9月为发生高峰，并不断产生有翅蚜，有翅蚜可迁飞扩散危害。
- **危害症状**：主要危害紫薇的叶片。该蚜有群集性，多表现在嫩叶上，叶片卷缩，凹凸不平，被害植株新梢扭曲，花芽发育受到抑制，使花序缩短，影响开花，还会诱发煤污病，传播病毒病。
- **防治方法**：

（1）人工防治：利用色板诱杀有翅蚜虫或采用白锡纸反光，拒栖迁飞的蚜虫。

（2）生物防治：保护利用黑带食蚜蝇、大草蛉、异色瓢虫等天敌。

（3）化学防治：发生期可喷施10%吡虫啉可湿性粉剂1 000~1 500倍液，或10%蚜虱净可湿性粉剂1 500~2 000倍液进行防治。

竹纵斑蚜

- **分类地位**：半翅目斑蚜科。
- **寄主范围**：竹。
- **形态特征**：无翅孤雌蚜体长 2.15~2.24 毫米，长卵圆形，淡黄色，头光滑，具较长的头状背刚毛 8 根，唇基有囊状隆起，喙短，复眼大，红色，具复眼疣，单眼 3 枚，触角灰白色，足细长，灰白色。有翅孤雌蚜体长 2.32~2.56 毫米，长卵圆形，淡黄色至黄色，头光滑，具背刚毛 8 根，中额隆起，额瘤外倾，喙短粗、光滑，复眼大，有复眼疣，单眼 3 枚，触角细长灰白色。第 1~7 腹部背面各有纵斑 1 对，每对呈倒"八"字形排列，黑褐色，足细长，灰白色。
- **发生规律**：一年可发生多代，以卵越冬。在竹叶背部取食，5~6 月、8~9 月危害严重。
- **危害症状**：被害嫩竹叶出现萎缩、枯日，蚜虫分泌物黏落处滋生煤污病，特别是污染竹叶，影响光合作用和观赏性。
- **防治方法**：

（1）人工防治：控制竹林密度，保持通风透光。

（2）生物防治：保护利用七星瓢虫、食蚜蝇等天敌。

（3）化学防治：发生期可喷施 10% 吡虫啉可湿性粉剂 1 000~1 200 倍液，或 1.2% 苦·烟乳油 800~1 000 倍液进行防治。

柳刺皮瘿螨

- **分类地位**: 真螨目瘿螨科。
- **寄主范围**: 柳树、旱快柳、竹柳等。
- **形态特征**: 雌螨体长约 0.2 毫米，纺锤形略平，前圆后细，棕黄色，足 2 对，背盾板有前叶突，背纵线虚线状，环纹不光滑，有锥状微突，尾端有短毛 2 根。
- **发生规律**: 一年可发生数代，以成螨在芽鳞间或皮缝中越冬。4 月下旬至 5 月上旬活动危害，随着气温升高，危害加重，雨季螨量下降。
- **危害症状**: 受害叶片表面产生组织增生，形成珠状叶瘿，每个叶瘿在叶背只有 1 个开口，螨体经此口转移危害，形成新的虫瘿，被害叶片上有数十个虫瘿，严重时，叶黄脱落。
- **防治方法**:

（1）人工防治: 及时剪除带虫瘿的枝叶，彻底清除病叶及周边杂草，并集中销毁，减少越冬虫源。

（2）生物防治: 保护利用瓢虫、草蛉等天敌。

（3）化学防治: 柳树发芽前，可喷施 3~5 波美度石硫合剂消灭越冬螨；危害期可喷施 15% 速螨酮乳油 1 000~1 500 倍液，或 73% 克螨特乳油 1 500~2 000 倍液，或 15% 唑螨酯悬浮剂 1 000~1 200 倍液进行防治。

山楂叶螨

- **分类地位**：蜱螨目叶螨科。
- **寄主范围**：苹果、桃、樱桃、山楂、李等。
- **形态特征**：雌成螨卵圆形，体长0.54~0.59毫米，前部宽，背部稍隆起，刚毛细长，基部无明显毛瘤，4对足，体背两侧有黑色斑纹。雄成螨体长0.35~0.45毫米，体末端尖削，初期为浅黄绿色，渐变为绿色，后期变为橙黄色。卵圆球形。
- **发生规律**：一年发生10~13代。以受精雌成螨在枝干的翘皮、裂缝或植物根部周围土缝、落叶及杂草根部越冬，一般多集中于树冠内膛局部危害，以后逐渐向外膛扩散。从第2代开始出现世代重叠现象。9~10月开始出现受精雌成螨越冬。高温干旱条件下发生且危害重。
- **危害症状**：常群集叶背危害，吸食叶片汁液，造成叶片出现褪绿斑点，严重时导致叶片脱落，有吐丝拉网习性。
- **防治技术**：

  （1）人工防治：早春萌芽前刮除翘皮、粗皮，并集中烧毁，消灭越冬虫源。

  （2）生物防治：保护利用食螨瓢虫、小花蝽、草蛉等天敌。

  （3）化学防治：发生期喷施10%阿维·哒螨灵乳油1 200~1 500倍液，或40%哒螨灵乳油2 000~2 500倍液，或25%炔螨特可湿性粉剂1 000~1 500倍液进行防治。

朱砂叶螨

● **分类地位**: 真螨目叶螨科。

● **寄主范围**: 樱花、白玉兰、月季、酢浆草等。

● **形态特征**: 又名红蜘蛛。雌成虫体长 0.28~0.52 毫米，每 100 头重约 2.73 毫克，体色为红色至紫红色(有些甚至为黑色)，在身体两侧各具一倒"山"字形黑斑，体末端圆。雄成虫体色常为绿色或橙黄色，较雌螨略小，体后部尖削。卵圆形，初产时为乳白色，后期呈乳黄色，产于丝网上。

● **发生规律**: 一年可发生多代，3 月下旬成虫出蛰，高温低湿的 6~7 月危害重，尤其是干旱年份易大暴发。但温度达 30℃以上和空气相对湿度超过 70% 时，不利于其繁殖，暴雨对其有抑制作用。

● **危害症状**: 吸食叶片汁液，叶片受害后，先是出现褪绿小斑点，随后扩大连成片，严重时导致叶片脱落。

● **防治方法**:

（1）人工防治：清除田埂、路边和田间的杂草及枯枝落叶，耕整土地以消灭越冬虫源。

（2）生物防治：保护和利用捕食螨、小黑瓢虫、小花蝽、中华草蛉等天敌。

（3）化学防治：于发生期喷施 40% 哒螨灵乳油 2 000~2 500 倍液，或 25% 炔螨特可湿性粉剂 1 000~1 500 倍液进行防治。

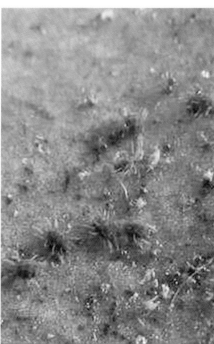

澳洲吹绵蚧

- **分类地位**：半翅目硕蚧科。
- **寄主范围**：海桐、梅花、牡丹、广玉兰、夹竹桃、月季、石榴等。
- **形态特征**：雌成虫体椭圆形或长椭圆形，长 5~10 毫米，宽 4~6 毫米，橘红色或暗红色，足和触角黑色，背被白色蜡，向上隆起，腹面平坦。雄成虫体长约 3 毫米，胸部红紫色，有黑骨片，腹部橘红色，前翅狭长，暗褐色，基角处有 1 个囊状突起，后翅退化成匙形的拟平衡棒，腹末有肉质短尾瘤 2 个，其端有长刚毛 3~4 根。卵长椭圆形，长 0.7 毫米，初产时为橙黄色，后期呈橘红色。茧长椭圆形，白色，茧质疏松，由白蜡丝组成。

- **发生规律**：一年可发生多代，在叶背及枝梢寄生危害。若虫孵化期为 5 月中旬至 6 月中旬，7 月中旬至 11 月中旬。温暖湿润天气适宜活动，干热则不利。雌成虫初无卵囊，成熟后到产卵期才渐渐形成。
- **危害症状**：常群集在叶芽、嫩芽、新梢上危害，其排泄物易引起煤污病发生，危害严重时，造成落叶和枝梢枯萎，以致整枝、整株死去。
- **防治方法**：

（1）人工防治：人工刮除虫体或剪除虫枝，保持植株通风透光，减少虫口密度。

（2）生物防治：保护利用澳州瓢虫、大红瓢虫、小红瓢虫、红环瓢虫等天敌。

（3）化学防治：若虫期喷施 24% 螺虫乙酯悬浮剂 1 000~1 500 倍液，或 2% 烟参碱乳油 800~1 000 倍液进行防治。

白蜡蚧

● **分类地位**：半翅目蜡蚧科。

● **寄主范围**：女贞、小叶女贞、白蜡树等。

● **形态特征**：雌成虫受精前背部隆起，形似蚌壳，受精后体显著膨胀成半球，长约 10 毫米，高 7~8 毫米，活体背面黄褐色、淡红褐色至红褐色，腹面黄绿色，产卵后虫体近球形，体壁硬，暗褐、红褐、棕褐色或褐色。雄成虫黄褐色，体长 2 毫米，翅 1 对，翅展 5 毫米，近于透明，头淡褐色至褐色，触角丝状，10 节。卵长卵圆形，长约 0.4 毫米，雌卵红褐色，雄卵淡黄色。初孵雌若虫扁卵形，红褐色。蛹长约 2.4 毫米，黄褐色，眼点暗紫色。

● **发生规律**：一年发生 1 代，3 月下旬开始活动，4 月中下旬开始产卵，6~7 月为盛孵期，秋季雄成虫羽化交尾后死亡，受精雌成虫逐渐长大，陆续越冬。连续高温干旱或持续降雨，可造成若虫大量死亡。

● **危害症状**：由于若虫体小，初发生时很难发现，当雌若虫危害嫩叶时，叶呈油浸状物，在阳光照射下有亮光。雄若虫化蛹前期开始分泌蜡丝，逐渐形成蜡质絮状蛹巢棒。冬季在 2 ~ 3 年生枝条上可见到大小不等介壳，其他季节也可见到空壳。

● **防治方法**：

（1）人工防治：结合冬春修剪整形，彻底剪除虫卵枝，然后集中销毁。

（2）化学防治：危害期可喷施 24% 螺虫乙酯悬浮剂 1 000~1 500 倍液，或 3.2% 虫杀净乳油 800~1 000 倍液进行防治。

草履蚧

- **分类地位**：半翅目硕蚧科。
- **寄主范围**：红叶李、樱花、广玉兰、蜡梅、海桐、月季等。
- **形态特征**：雌成虫椭圆形，形似草鞋，背略突起，腹面平，长约 10 毫米，宽约 5 毫米，体背暗褐色，边缘橘黄色，背中线淡褐色，触角和足亮黑色，体分节明显，多横皱褶和纵沟，体被细长和白色蜡粉。雄成虫紫红色，长约 5 毫米，翅 1 对，翅展 10 毫米，淡黑色至紫蓝色，头部和前胸红紫色，足黑色，尾瘤长，2 对。卵椭圆形，长约 1 毫米，初为淡黄色，后为褐黄色，外被粉白色卵囊。若虫灰褐色，外形似雌成虫，初孵若虫长约 2 毫米。蛹圆筒形，长约 5 毫米，褐色，外有白色絮棉状物。
- **发生规律**：一年发生 1 代。春初开始上树，夏季爬离树体入土产卵。若虫期 5 月上旬至 6 月下旬，成虫期 6 月中旬至 10 月上旬，7 月中旬至 8 月上旬最盛。
- **危害症状**：以雌成虫和若虫群集于嫩枝、幼芽等处吸食汁液，影响植物生长，危害轻者造成树势衰弱，重者可造成枯枝甚至整株死亡。
- **防治方法**：

（1）人工防治：早春在树干基部上方涂闭合黏虫环，宽约 20 厘米，黏杀上树若虫；冬季对植株进行修剪、整枝，剪下有虫枝条集中销毁。

（2）生物防治：保护利用红环瓢虫、黑缘红瓢虫等天敌。

（3）化学防治：危害期可喷施 2.5% 溴氰菊酯乳油 1 500~2 000 倍液，或 5% 啶虫脒乳油 1 500~2 000 倍液进行防治。

朝鲜毛球蚧

- **分类地位**：半翅目蚧科。
- **寄主范围**：杏、李、桃、樱桃等。
- **形态特征**：雌成虫体近球形，长约 4.5 毫米，宽约 4 毫米，黑褐色，背面向上高度隆起，触角 6 节，体腹缘刺锥状。雄成虫体长约 1.5 毫米，翅展 2.5 毫米，头胸部红褐色，腹部淡黄褐色，触角丝状 10 节。卵椭圆形，初产为橙黄色，渐变为红褐色，半透明，被白色蜡粉。若虫初孵时长椭圆形，长约 0.5 毫米，淡褐色，被白色蜡粉，腹末有长毛 2 根。蛹长约 1.8 毫米，红褐色。茧长椭圆形，黄白色毛玻璃状。
- **发生规律**：华北地区一年发生 1 代。3 月中下旬越冬若虫活动，群居在枝条上危害，4 月上旬成虫羽化；4 月下旬至 5 月上旬成虫交尾，后雌成虫体迅速膨大，逐渐硬化；5 月中下旬为产卵盛期，6 月初若虫孵化，10 月后开始越冬。
- **危害症状**：吸食植物汁液，影响植物生长，造成树势衰弱，严重时可造成枯枝甚至整株死亡。
- **防治方法**：

    （1）人工防治：加强养护管理，合理修剪，保持通风透光。

    （2）生物防治：保护利用红点唇瓢虫、寄生蝇、捕食螨等天敌。

    （3）化学防治：可喷施 2.5% 溴氰菊酯乳油 1 500~2 000 倍液进行防治。

黄肾圆盾蚧

- **分类地位**：半翅目盾蚧科。
- **寄主范围**：桂花、枸骨、蔷薇、黄杨、冬青等。
- **形态特征**：雌成虫介壳圆形，长 1~2 毫米，黄灰色，扁平，可透见黄色虫体，脱皮壳在中央或近中央。雄成虫介壳长椭圆形，黄灰色。雌成虫老熟时呈典型肾状。
- **发生规律**：一年发生 2~3 代，以受精雌成虫越冬，翌年 6 月中旬胎生若虫，8 月及 10 月分别出现各代成虫。
- **危害症状**：以雌成虫、若虫刺吸枝干、叶和果实的汁液，重者叶干枯卷缩，新梢停滞生长，树势削弱，严重者布满介壳，整株干枯。
- **防治方法**：
  （1）生物防治：保护利用瓢虫、草蛉、寄生蜂等天敌。
  （2）化学防治：发生期可喷施 24% 螺虫乙酯悬浮剂 1 000~1 500 倍液进行防治。

日本龟蜡蚧

● **分类地位**：半翅目蜡蚧科。

● **寄主范围**：悬铃木、梅、月季、女贞、紫薇、广玉兰、海桐等。

● **形态特征**：雌成虫体被蜡壳，壳长 3~4.5 毫米，宽 2~4 毫米，高约 1 毫米，白色或灰色，虫体卵圆形，长 1~4 毫米，黄红色、血红色至红褐色，背部稍突起，腹面平坦，触角 6 节。雄成虫体棕褐色，长 1.3 毫米，翅展 3.5 毫米，触角 10 节，腹末交尾器针状。卵椭圆形，初为乳黄色，渐变为深红色。若虫长椭圆形，扁平，长约 0.3 毫米，宽约 0.2 毫米，淡黄色，老龄雌若虫蜡壳与雌成虫近似。蛹圆锥形，长约 1.2 毫米，红褐色。

● **发生规律**：一年发生 1 代，7 月雌雄若虫外形开始分化，8~10 月羽化为成虫，8 月上旬至 10 月雌虫陆续从叶片转移到枝条上固定危害。虫体多分布在树冠下部、内膛枝、徒长枝上，树冠中部较少。

● **危害症状**：若虫和雌成虫刺吸植物汁液，排泄物常诱发煤污病，削弱树势，重者枝条枯死。

● **防治方法**：

（1）人工防治：冬季和夏季进行适度修剪，剪除过密枝和虫枝，利于通风透光。

（2）生物防治：保护利用瓢虫、草蛉、寄生蜂等天敌。

（3）化学防治：发生期可喷施 40% 速蚧杀乳油 1 500~2 000 倍液进行防治。

月季白轮盾蚧

- **分类地位**：半翅目盾蚧科
- **寄主范围**：蔷薇属、悬钩子属等。
- **形态特征**：雌成虫介壳宽椭圆形或近圆形，直径约 2 毫米，白色，略隆起，壳点 2 个，深褐色。虫体长形，长约 1.2 毫米，黄色、橙色或红色，头胸部很大，臀叶 3 对，基部相连。雄成虫介壳长条形，长约 0.8 毫米，白色或红橙色，溶蜡状，脊面有纵脊线 3 条，壳点 1 个，深褐色，位于前端。卵椭圆形，扁平，红色。若虫 1 龄时红色，扁平；2 龄时橙红色。蛹长椭圆形，橙红色。
- **发生规律**：一年发生多代，若虫孵化盛期为 5 月上旬至 6 月中旬、6 月下旬至 7 月中旬和 8 月下旬至 9 月中旬，多寄生在枝干上。植株下层危害重于中上层。

- **危害症状**：以若虫和雌成虫固着在枝干上吸取汁液危害，被害部变为褐色，发生严重时，整个枝干布满蚧体，树势衰弱，甚至枯死。
- **防治方法**：

（1）人工防治：加强养护管理，月季休眠期，剪除受害枝叶并集中销毁；及时修剪虫枝，注意通风透光。

（2）化学防治：发生期可喷施 10% 吡虫啉可湿性粉剂 1 000~1 500 倍液进行防治。

紫薇绒蚧

- **分类地位**：半翅目绒蚧科。
- **寄主范围**：紫薇、石榴。
- **形态特征**：雌成虫卵圆形，体长约 3 毫米，紫色，被少量白色蜡粉，遍生微刚毛，外观略呈灰色，体背有少量白蜡丝。近产卵时，分泌蜡质，形成白色毡绒状囊袋，将虫体和卵包在其中，灰白色，长椭圆形。雄成虫体长约 1 毫米。翅展约 2 毫米，紫褐色。
- **发生规律**：一年能发生多代。每年 6~7 月、8~9 月为若虫孵化盛期。在温暖高湿环境下繁殖快，干热对它的发育不利。
- **危害症状**：以若虫、雌成虫聚集于小枝、叶片主脉基部和芽腋、嫩梢等部位刺吸汁液，造成树势衰弱，且其分泌的蜜露会诱发煤污病，严重时造成枝叶发黑，叶片早落，开花不正常，甚至全株枯死。
- **防治方法**：

（1）人工防治：结合冬季整形修剪，清除越冬虫枝，人工刷除虫体。

（2）生物防治：保护利用跳小蜂、姬小蜂、红点唇瓢虫等天敌。

（3）化学防治：植物发芽前，喷施 3~5 波美度石硫合剂；生长期，喷施 10% 吡虫啉可湿性粉剂 2 000 倍液进行防治。

日本纽绵蚧

- **分类地位**：半翅目绵蚧科。
- **寄主范围**：合欢、三角枫、重阳木、刺槐、核桃等。
- **形态特征**：雌成虫体长8毫米，宽5毫米，卵圆形或圆形，体背有红褐色纵条，体黄白色，带有暗褐色斑点，背部隆起，呈半个豌豆形，背腹体壁柔软，膜质。老熟产卵时体背分泌蜜露，腹部慢慢产生白色卵囊，向后延伸，随着卵量增加卵囊向上弓起，逐渐形成扭曲的"U"字形。卵囊伸长45~50毫米，宽3毫米左右。
- **发生规律**：一年发生1代，以受精雌成虫在枝条上越冬。越冬期虫体较小且生长缓慢。3月初开始活动，3月下旬虫体膨大，4月上旬隆起的雌成体开始产卵，出现白色卵囊，5月上旬若虫开始孵化。若虫主要寄生在2~3年生枝条和叶脉上。
- **危害症状**：以若虫和雌成虫在寄主枝上吸取汁液，尤其在嫩枝上危害严重，使植物生长势明显下降，直至枝梢枯死。
- **防治方法**：

  （1）人工防治：结合冬季整形修剪，清除越冬虫枝，人工刷除虫体，在产卵或孵化初期用高压喷水冲掉幼虫或卵囊。

  （2）化学防治：若虫期喷施2.5%高效氟氯氰菊酯乳油2 000~2 500倍液，或40%狂杀蚧乳油1 000~1 500倍液进行防治。

合欢木虱

- **分类地位**：半翅目木虱科。
- **寄主范围**：合欢、槐。
- **形态特征**：成虫体绿色至黄绿色，触角黄色，复眼虹褐色，前翅污黄色，脉黄色，外缘黄褐色，具深黄缘纹 4 个；成虫体长约 2.8 毫米，头宽约 0.6 毫米，后缘凹入，前缘膨突，胸部窄于头宽；前翅长椭圆形，基部宽，翅痣短，三角形；后翅长为宽的 2~3 倍；后足胫节具基齿，后基突锥状。
- **发生规律**：一年可发生 1~3 代，以成虫在树皮裂缝、杂草、土缝内越冬，翌年 4~5 月成虫交尾，产卵于叶芽基部或梢端，以后各代的成虫则将卵分散产于叶片上。5~7 月是危害盛期。在 11 月以后，成虫陆续进行越冬。
- **危害症状**：以若虫群集在树嫩梢、叶片背面刺吸危害，诱发煤污病，最终导致树木叶片发黄早落，嫩梢易折，枝条枯死，严重的造成整株死亡。危害时有白色丝状排泄物分泌飘落。
- **防治方法**：

化学防治：发芽前，可喷施 3~5 波美度石硫合剂在合欢枝干和周围杂草上，消灭越冬成虫；危害期，可喷施 1.8% 阿维菌素乳油 1 000~1 500 倍液，或 10% 吡虫啉可湿性粉剂 1 000 倍液，或 2% 烟参碱乳油 1 000~1 500 倍液进行防治。

朴盾木虱

- **分类地位**：半翅目木虱科。
- **寄主范围**：朴树。
- **形态特征**：成虫体长 4.3~5.3 毫米，黄褐色或黑褐色，被黄色短毛，头顶横宽、粗糙，具大黑斑，复眼红褐色，单眼橙黄色，触角丝状 10 节。初期龄若虫淡褐色，足、触角漆黑色，翅芽初显露。
- **发生规律**：一年可发生 1~2 代。以卵在芽片内越冬。翌年 4 月上旬开始孵化，若虫在嫩叶背面固定危害，并形成椭圆形白色蜡壳，4 月下旬在叶面形成长角状虫瘿，5 月中旬前后成虫大量羽化。
- **危害症状**：朴树叶部受害后，叶面形成长角状虫梁，严重时叶面畸形，虫危害处焦枯，导致早期落叶，生长衰弱，影响观赏。
- **防治方法**：

  （1）人工防治：及时摘除有虫瘿的叶片，并将其销毁，降低虫口数量。

  （2）化学防治：在尚未形成虫瘿前，可喷施 1.2% 苦·烟乳油 1 000~2 000 倍液，或 10% 吡虫啉可湿性粉剂 1 000~2 000 倍液进行防治。形成虫瘿后，可喷施 1.8% 阿维菌素乳油进行防治。

温室白粉虱

- **分类地位**：半翅目粉虱科。
- **寄主范围**：月季、瓜叶菊等。
- **形态特征**：成虫体长约 1.1 毫米，淡黄色，全体及翅面覆盖白色蜡粉，停息时双翅在体上合拢，腹部被遮盖。卵长椭圆形，顶部尖，端部卵柄插入叶片中，卵由白到黄，近孵化时为黑紫色，卵上覆盖蜡粉。拟蛹外观椭圆形，似蛋糕状，白色至淡绿色，半透明，边缘有蜡丝。
- **发生规律**：一年可发生 10 余代，但在室外不能越冬。主要危害温室花卉及大棚作物，成虫羽化后 1~3 天即可产卵，卵期约 7 天。
- **危害症状**：成虫和若虫吸食植物汁液，被害叶片褪绿、变黄、萎蔫，甚至全株枯死。其繁殖力强，繁殖速度快，种群数量庞大，群聚危害，并分泌大量蜜液，严重污染叶片和果实，引起煤污病的发生。
- **防治方法**：

（1）人工防治：挂设诱虫灯或黏虫板（黄绿色板）诱杀成虫。

（2）生物防治：人工释放丽蚜小蜂、中华草蛉和轮枝菌等天敌。

（3）化学防治：危害发生期，可喷施 10% 扑虱灵乳油 1 000~1 200 倍液，或 10% 吡虫啉可湿性粉剂 1 000~1 500 倍液，或 1.2% 苦·烟乳油 800~1 000 倍液，或 25% 噻虫嗪水分散粒剂 1 500~2 000 倍液，或 1.8% 阿维菌素乳油 1 500 倍液进行防治。该虫抗药性强，交替或复配使用农药进行防治效果较好。

悬铃木方翅网蝽

- **分类地位**：半翅目网蝽科。
- **寄主范围**：悬铃木、构树、杜鹃花科、山核桃树、白蜡树。
- **形态特征**：卵为乳白色，长椭圆形，顶部有褐色椭圆形卵盖。若虫共5龄，体形似成虫，无翅。成虫体长3.2~3.7毫米，虫体乳白色，在两翅基部隆起处的后方有褐色斑，头兜发达，盔状，前翅超过腹部末端，静止时前翅近长方形，足细长。
- **发生规律**：一年可发生多代。成虫寿命大约1个月，繁殖量大，每年发生4~5代，雌虫产卵时先用口针刺吸叶背主脉或侧脉，伸出产卵器插入刺吸点产卵，产完卵后分泌褐色黏液覆在卵盖上，卵盖外露。该虫较耐寒，以成虫在寄主树皮下或树皮裂缝内越冬。
- **危害症状**：成虫和若虫以刺吸寄主树木叶片汁液危害为主，受害叶片正面形成许多密集的白色斑点，叶背面出现锈色斑，抑制寄主植物的光合作用，影响植株正常生长，导致树势衰弱。受害严重的树木，叶片枯黄脱落，严重影响景观效果。
- **防治方法**：

（1）人工防治：冬季及时清除落叶并进行树干涂白，减少越冬虫量；适时修剪亦可减少发生世代数。

（2）化学防治：发生期对树冠喷施10%吡虫啉可湿性粉剂1 000~1 200倍液进行防治。

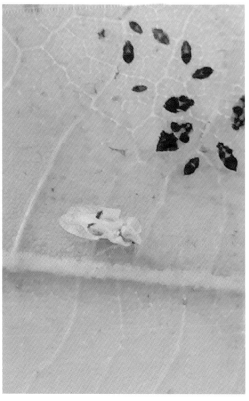

梨冠网蝽

● **分类地位**：半翅目网蝽科。

● **寄主范围**：木瓜、紫藤、月季、梅花、樱花、海棠等。

● **形态特征**：成虫体长约 3.5 毫米，扁平，黑褐色，前胸两侧与前翅均有网状花纹，静止时两翅重叠，中间黑褐色斑纹呈"X"字形。卵长椭圆形，长约 0.6 毫米，淡黄色，略透明，一端弯曲上翘，上端具卵盖。若虫形似成虫，腹部有锥形刺，初孵时为白色，后渐变为深褐色，共 5 龄。

● **发生规律**：一年可发生 2~4 代，世代重叠，以成虫在落叶间、枯老皮裂缝及根际土块中越冬。4 月中旬成虫出蛰活动，5 月中旬各虫态同时出现，7~8 月危害最严重，冬季在温室或室内可继续危害。

● **危害症状**：成虫、若虫群集于叶背吸食汁液，被害处堆积黄褐色排泄物，叶面呈现苍白色小斑，严重时呈黄褐色锈斑，光合作用严重受阻，同时使叶背呈黄褐色的锈状斑点，引起叶片苍白，甚至早期脱落，造成植株长势衰弱，影响生长发育及开花。

● **防治方法**：

（1）人工防治：清除落叶、杂草、刮除枝干粗翘皮，集中销毁，可消灭部分越冬虫源。

（2）化学防治：发生期，可喷施 10% 吡虫啉可湿性粉剂 1 000~1 200 倍液，或 1.2% 苦·烟乳油 800~1 000 倍液，或 25% 噻虫嗪水分散粒剂 1 000~2 000 倍液进行防治。

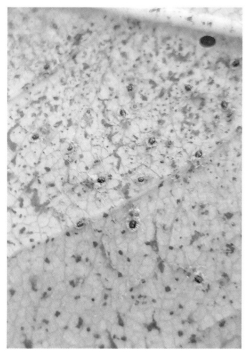

麻皮蝽

- **分类地位**：半翅目蝽科。
- **寄主范围**：山楂、梅、桃、海棠、杨、柳、榆等。
- **形态特征**：成虫体长约 25 毫米，体黑褐色，密布黑色刻点及细碎不规则形黄斑，头部狭长，侧叶与中叶末端约等长，侧叶末端狭尖，触角 5 节黑色，喙浅黄色 4 节，末节黑色，头部前端至小盾片有 1 条黄色细中纵线。卵灰白色，呈柱状，顶端有盖，周缘具刺毛。若虫各龄均扁洋梨形，前尖削后浑圆，自头端至小盾片具一黄红色细中纵线，体侧缘具淡黄狭边，腹侧缘各节有一黑褐色斑。
- **发生规律**：一年可发生 1~2 代。成虫于枯枝落叶下、树皮裂缝处越冬。翌年春季寄主萌芽后开始出蛰活动危害。6~8 月为危害盛期，危害至秋末陆续越冬。
- **危害症状**：刺吸枝干、茎、叶汁液，出现干枯枝条；茎、叶受害出现黄褐色斑点，严重时叶片提前脱落。
- **防治方法**：

（1）人工防治：在成虫、若虫危害期，利用假死性，进行人工振树扑杀。

（2）化学防治：越冬成虫出蛰完毕和若虫盛期可喷施 2.5% 溴氰菊酯乳油 1 000~2 000 倍液，或 10% 氯氰菊酯乳油 1 000~2 000 倍液进行防治。

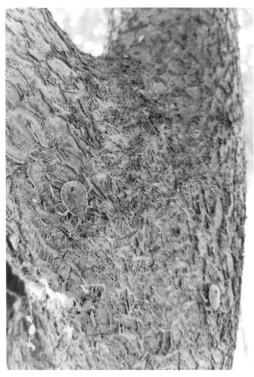

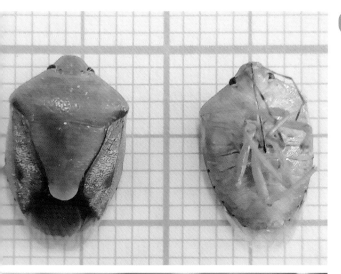

珀蝽

- **分类地位**：半翅目蝽科。
- **寄主范围**：桃、泡桐、枫杨等。
- **形态特征**：成虫体长10毫米左右，长卵圆形，具光泽，密被黑色或与体同色的细点刻，头鲜绿色，触角绿色，末端黑色，复眼棕黑色，单眼棕红色，前胸背板鲜绿色，两侧角圆而稍突起，红褐色，小盾片鲜绿色，末端色淡，腹部侧缘后角黑色，腹面淡绿色，胸部及腹部腹面中央淡黄色，中胸片上有小脊，足鲜绿色。卵长1毫米左右，圆筒形，灰黄色，卵壳光滑，网状。
- **发生规律**：一年可发生1~3代。以成虫在枯草丛中、林木茂盛处越冬，翌年4月开始活动，6~8月为危害盛期，秋末开始陆续蛰伏越冬。
- **危害症状**：吸食寄主叶片、嫩梢，导致吸食点以上叶片褪绿。
- **防治方法**：

（1）人工防治：在成虫越冬前和出蛰期进行人工扑杀；在成虫产卵期，查找卵块摘除。

（2）化学防治：成虫出蛰完毕和若虫解化盛期，喷施2.5%溴氰菊酯乳油1 500~2 000倍液，或10%氯氰菊酯乳油1 500倍液进行防治。

茶翅蝽

- **分类地位**：半翅目蝽科。
- **寄主范围**：丁香、海棠、山楂、榆、桑、樱花等。
- **形态特征**：成虫近椭圆形，体长约 15 毫米，宽约 9 毫米，灰褐色，体扁平，前胸背板有横列黄褐色小点 4 个，腹部两侧黑白相间。卵短圆形，初为灰白色，渐变为黑褐色，块状。若虫似成虫，翅未形成，腹部背面有黑斑。
- **发生规律**：一年可发生多代，以成虫在墙缝、草丛、草堆处越冬。5月上旬开始活动，刺吸植物汁液。卵产于叶上，成块，7月上旬若虫孵化，危害叶、果，受害叶片褪绿，果实畸形。
- **危害症状**：成虫经常成对危害，若虫则聚集危害。刺吸对植物造成直接危害，被刺吸的部位很容易被病菌侵染，刺吸的同时可传播病毒。
- **防治方法**：

（1）人工防治：冬季清除枯枝落叶和杂草，集中销毁，可消灭越冬成虫，成虫、若虫危害期清晨人工振落扑杀。

（2）化学防治：危害发生期可喷施 4.5% 高效氯氰菊酯乳油 1 500~2 000 倍液，或 20% 除虫脲悬浮剂 1 000~1 500 倍液，或 90% 敌百虫晶体 1 000~2 000 倍液，或 2.5% 溴氰菊酯乳油 1 500 倍液，或 2% 烟参碱乳油 1 000 倍液进行防治。

红脊长蝽

- **分类地位**：半翅目长蝽科。
- **寄主范围**：刺槐、柳、鼠李等。
- **形态特征**：成虫体长 10 毫米，红色，并具黑色大斑，被金黄色短毛，头黑色，光滑，无刻点，小颊长、橘红色；喙黑色，伸达后足基节；触角黑色。前胸背板梯形、侧缘直，仅后角处弯，侧缘及中脊隆起明显，呈红色，前后缘亦成红色，其余部分黑色；腹部各节均具黑色大型中斑和侧斑，有时两斑相互连接成大型横带，腹末端呈黑色；足黑色。
- **发生规律**：一年可发生 1~2 代，以成虫在石块下、土穴中或树洞里成团越冬。翌年 4 月中旬开始活动，5 月上旬交尾。第 1 代若虫于 5 月底至 6 月中旬孵出，7~8 月羽化产卵。第 2 代若虫于 8 月上旬至 9 月中旬孵出，9 月中旬至 11 月中旬羽化，12 月上中旬进入越冬。
- **危害症状**：以成虫、若虫刺吸植物汁液危害。成虫和幼虫群集于嫩茎、嫩瓜、嫩叶等部位，刺吸汁液，刺吸处呈褐色斑点，严重时导致枯萎。
- **防治方法**：

（1）人工防治：人工摘除卵块，集中销毁。

（2）化学防治：危害期可喷施 10% 吡虫啉可湿性粉剂 1 000~2 000 倍液，或 1.2% 苦·烟乳油 1 000~1 200 倍液，或 4.5% 高效氯氰菊酯乳油 1 500~2 000 倍液，或 2.5% 溴氰菊酯乳油 3 000 倍液进行防治。

蓟马

● **分类地位**：缨翅目蓟马科。

● **寄主范围**：菊科、豆科、锦葵科、毛茛科、蔷薇科等。

● **形态特征**：雌成虫体长约 1.3 毫米，褐色带紫，头胸部黄褐色，触角 8 节，粗壮，头短于前胸，后部背面皱纹粗，翅 2 对，前翅宽短。雄成虫乳白色至黄白色，体小于雌成虫。卵肾形，长约 0.3 毫米，一端较方且有卵帽。

● **发生规律**：一年可发生多代，世代重叠严重。以成虫在枯枝落叶层、土壤表皮层中越冬。翌年 4 月出现第 1 代。10 月下旬至 11 月上旬进入越冬。6~7 月、8~9 月下旬是危害高峰。成虫活跃，有较强的趋花性，主要寄生在花内，怕阳光，在不同植株间可以互相转移危害，高温、干旱有利于大发生，多雨对其不利。

● **危害症状**：成虫、若虫多群集于花内取食危害，花器、花瓣受害后成白化，经日晒后变为黑褐色，危害严重的造成花朵萎蔫。

● **防治方法**：

（1）人工防治：利用蓟马对蓝色的趋性，可采用蓝色诱虫板对蓟马进行诱杀。

（2）化学防治：危害期可喷施 10% 吡虫啉可湿性粉剂 1 000~1 500 倍液，或 10% 氯氰菊酯乳油 1 000~2 000 倍液进行防治。

斑衣蜡蝉

- **分类地位**：半翅目蜡蝉科。
- **寄主范围**：千头椿、刺槐、悬铃木、枫、女贞、合欢、珍珠梅等。
- **形态特征**：成虫体长 14~22 毫米，翅展 40~52 毫米，体隆起，头顶锐角；前翅长卵形，基部 2/3 淡褐色，上有黑斑点 10~20 个，脉纹白色；后翅扇形，膜质，基部一半红色，上有黑斑 6~7 个，翅中有倒三角形白区，翅端及脉纹黑色。卵长圆形，长约 3 毫米，灰色，背两侧有凹入线，中部纵脊。若虫老熟时体长约 1/3 毫米，体背淡红色，头前端尖角，复眼基部黑色，足黑色有白点，翅芽明显，由中后胸向后延伸。
- **发生规律**：一年发生 1 代。以卵在树干的向阳面越冬。4 月中旬卵孵化为若虫，若虫共 4 龄。6 月中旬出现成虫，8 月中旬开始交尾、产卵，卵多产于树干向阳面，呈块状，卵块表面覆一层灰色粉状疏松的蜡质。若虫和成虫均喜群集于树干或树叶，以叶基为多，遇惊即快速移动或跳飞。秋季多雨、高湿和低温对成虫不利，干燥则有利于成虫生长和灾变。
- **危害症状**：以成虫、若虫群集在叶背、嫩梢上刺吸危害，引起被害植株发生煤污病或嫩梢萎缩、畸形等，严重影响植株的生长和发育。
- **防治方法**：

（1）人工防治：人工摘除卵块。

（2）化学防治：危害期可喷施 2.5% 溴氰菊酯乳油 1 000~2 000 倍液，或 1.2% 苦·烟乳油 1 000~1 200 倍液进行防治。

透明疏广翅蜡蝉

- **分类地位**：半翅目广翅蜡蝉科。

- **寄主范围**：刺槐、接骨木、连翘、蔷薇等。

- **形态特征**：成虫体长约 6 毫米，翅展通常超过 20 毫米；身体黄褐色与栗褐色相间；前翅无色透明，略带有黄褐色，翅脉褐色，前缘有较宽的褐色带，前远近中部有一黄褐色斑。卵麦粒状。若虫体扁平，尾部有白色蜡丝散开如孔雀开屏状。

- **发生规律**：一年发生 1 代，以卵在枝条上越冬。翌年 4 月开始孵化，若虫群集于嫩枝、叶背危害。

- **危害症状**：若虫危害枝干，形成虫瘿，造成新枝短小，冬季容易干枯，导致整体树势衰弱。

- **防治方法**：

（1）人工防治：剪除虫瘿，集中销毁。

（2）化学防治：成虫飞出产卵时，可喷施 2.5% 溴氰菊酯乳油 1 000~2 000 倍液进行防治；幼虫期可用内吸性药剂注干防治。

绿盲蝽

- **分类地位**：半翅目盲蝽科。
- **寄主范围**：木槿、月季、石榴、海棠等。
- **形态特征**：成虫体长约 5 毫米，绿色，密被短毛；头部三角形，黄绿色，复眼黑色突出，无单眼，触角 4 节丝状；前翅膜片半透明暗灰色，余绿色；足黄绿色。卵长 1 毫米，黄绿色，长口袋形。若虫 5 龄，与成虫相似，全体鲜绿色，密被黑细毛；触角淡黄色，端部色渐深；眼灰色。
- **发生规律**：一年发生 3~5 代，以卵在杂草、土缝中越冬。翌年春季 3~4 月开始孵化。6 月中旬至 7 月为危害高峰。
- **危害症状**：成虫、若虫刺吸顶芽、嫩叶、花蕾汁液，叶片受害造成大量破孔、皱缩不平，腋芽、生长点受害造成腋芽丛生，幼蕾受害变成黄褐色干枯或脱落。
- **防治方法**：

　　（1）生物防治：保护利用寄生蜂、草蛉、捕食性蜘蛛等天敌。

　　（2）化学防治：危害期可喷施 2.5% 溴氰菊酯乳油 1 500~2 000 倍液，或 2% 烟参碱乳油 2 000~3 000 倍液进行防治。

小绿叶蝉

● **分类地位**：半翅目叶蝉科。

● **寄主范围**：李、梅、女贞、木芙蓉、柳、杨、泡桐、月季等。

● **形态特征**：成虫绿色或黄绿色，体长 3~4 毫米，宽 1~1.3 毫米；头扁三角形，头顶中部有白纹 1 个，两侧各有黑点 1 个，触角鞭状，复眼黑色；中胸有白色横纹，中央有凹纹 1 个；前翅绿色，半透明，后翅无色。若虫与成虫相似，无翅。卵新月形，长约 0.8 毫米，初时为乳白色，孵化前为淡绿色。

● **发生规律**：一年可发生 8~10 代，以成虫在杂草丛中或树缝内越冬。3 月中旬开始危害，3 月下旬至 4 月上旬产卵于叶背的叶脉内。6 ~10 月为危害高峰，11 月后逐渐潜藏越冬。温暖干燥的气候条件适宜发生，气温过高或降雨过多导致虫口密度下降。

● **危害症状**：成虫、若虫刺吸汁液，被害叶片初现黄白色斑点，逐渐扩大成片，严重时全叶苍白早落。

● **防治方法**：

（1）人工防治：冬季认真清除杂草及枯枝落叶，消灭越冬成虫；秋末冬初对树干涂白，尽力减少翌年虫源。

（2）化学防治：危害期可喷施 2.5% 溴氰菊酯乳油 1 000~2 000 倍液，或 10% 吡虫啉可湿性粉剂 1 000~1 200 倍液，或 1.2% 苦·烟乳油 800~1 000 倍液进行防治。

蚱蝉

- **分类地位**：半翅目蝉科。
- **寄主范围**：樱花、元宝枫、槐、榆、桑、白蜡、杨、柳等。
- **形态特征**：成虫体长 40~45 毫米，头顶到翅端长 67~72 毫米，体黑色，密被金黄色细短毛，但前胸和中胸背板中央部分毛少光滑；头小，复眼大，头顶有 3 个黄褐色单眼，呈三角形，触角刚毛状，中胸发达，背部隆起。卵棱形稍弯，长约 2.5 毫米，头端比尾端稍尖，乳白色。
- **发生规律**：多年发生 1 代，若虫在土壤中刺吸植物根部，危害数年，老熟若虫在雨后傍晚钻出地面，爬到树木枝干上蜕皮羽化。成虫栖息在树干上，夏季不停地鸣叫，8月为产卵盛期。
- **危害症状**：成虫产卵时用锯状产卵器刺破 1 年生枝条的表皮和木质部，在枝条内产卵，被害枝条干枯死亡，影响树冠形成。成虫刺吸嫩枝汁液，若虫在土中刺吸根部汁液。
- **防治方法**：

（1）人工防治：在老熟若虫出土始期，在树木主干中下部缠绕宽约 10 厘米的塑料胶带或薄膜，阻止若虫上树；利用成虫较强的趋光性，夜晚利用黑光灯诱杀；结合秋季、冬季修剪，剪除被害枝条，集中销毁。

（2）化学防治：危害期可喷施 2.5% 溴氰菊酯乳油 2 000~2 500 倍液进行防治。

褐斑蝉（蟪蛄）

● **分类地位**：半翅目蝉科。

● **寄主范围**：悬铃木、油桐、梅花、樱花、蜡梅、桂花、刺槐等。

● **形态特征**：成虫体长约2.5厘米，是一种比较小型的蝉，紫青色，有黑纹，后翅除边缘为黑色，分布广泛，5~6月鸣，从早到晚，鸣声作"哧—哧"，叫声不如蚱蝉等大型蝉的声大，比不上大型蝉的响亮。

● **发生规律**：数年发生1代。成虫出现于5~8月，生活在树木枝干上。夜晚有趋光性，趋光个体还会鸣叫。雌蝉把卵注入树冠边缘的树枝后，卵在树枝内越冬，翌年4月孵化，随后钻入泥土寻找合适的树根吸吮汁液。一般要在地下经过四次蜕皮，随着每次蜕皮，翅芽明显长大，多在雨后地面柔软潮湿的晚上爬到合适的攀援物（多半是树干）进行最后一次蜕皮——羽化。

● **危害症状**：幼虫吸取植物的树根汁液，成虫则吸取枝条上的汁液，特别是雌蝉产卵时刺破树皮，阻止树枝上养分的运输，严重时导致树枝枯死。

● **防治方法**：

（1）人工防治：及时剪除有卵枝条；黑光灯诱杀成虫；人工捕捉老熟若虫和成虫。

（2）化学防治：危害发生期可喷施4.5%高效氯氰菊酯乳油1 500~2 000倍液进行防治。

食叶类害虫

　　食叶类害虫主要有蛾类、蝶类、金龟类、叶甲类、蝗虫类及叶蜂类，具咀嚼式口器，以植物组织为食，主要以幼虫取食叶片，常咬成缺口或仅留叶脉，甚至全吃光。这类害虫的成虫多数不需补充营养，寿命也短，幼虫期是造成危害的盛期，一旦发生危害则虫口密度大而集中。其成虫能做远距离飞迁，幼虫也有短距离主动迁移危害的能力，常呈周期性暴发。

　　食叶类害虫的防控可从两方面进行：

　　（1）成虫期防控：人工诱杀成虫，如灯光诱杀、黏虫板诱杀、食饵诱杀、性信息素诱杀等，从根本上减少幼虫的发生数量。

　　（2）幼虫期防控：①人工防控，如人工捕捉、摘除卵块和蛹等；②生物防控，如保护或人工释放天敌，使用白僵菌、绿僵菌等微生物等；③化学防控，如喷施具有触杀、胃毒作用的化学制剂，应尽量使用低毒杀虫剂或无公害的植物杀虫剂，如菊酯类、阿维菌素、脲类制剂、苦参碱、烟参碱等，避免使用剧毒杀虫剂造成严重的环境污染。

菜粉蝶

- **分类地位**：鳞翅目粉蝶科。
- **寄主范围**：羽衣甘蓝、桂花、醉蝶花、大丽花等。
- **形态特征**：成虫体黑色，有白色绒毛，长约 17 毫米，翅展 50 毫米，前后翅为粉白色，前翅顶角有黑斑 2 个。卵长瓶形，表面有网纹。幼虫老熟时长约 35 毫米，体青绿色，背中线为黄色细线，体表密布黑色瘤状突起，着生短细毛。蛹纺锤形，初为青绿色，后变为灰褐色。
- **发生规律**：一年发生 4 代，世代重叠，以蛹越冬。成虫白天活动，卵多产在叶片背面。4~10 月均有幼虫危害，但以夏季危害严重。
- **危害症状**：幼虫咬食寄主叶片，2 龄前仅啃食叶肉，留下一层透明表皮，3 龄后蚕食叶片孔洞或缺刻，严重时叶片全部被吃光，只残留粗叶脉和叶柄。
- **防治方法**：

  （1）生物防治：保护利用金小蜂、姬蜂等天敌。

  （2）化学防治：危害期可喷施 90% 敌百虫晶体 1 000~1 500 倍液，或 4.5% 高效氯氰菊酯乳油 1 500~2 000 倍液进行防治。

斐豹蛱蝶

- 🔵 **分类地位**：鳞翅目蛱蝶科。
- 🔵 **寄主范围**：槐、柳、榆等。
- 🔵 **形态特征**：雄、雌异形。雄蝶翅面红黄色，有黑色豹斑，前翅中室内有4条横纹，后翅面外缘有2条波纹状线，中间夹有青蓝色新月斑；前翅里顶角暗绿色，有几个小银色斑纹；后翅里有银白色斑和绿色圆斑。雌蝶前翅面端半部紫黑色，有一条宽的白色斜带，顶角有几个白色小斑，翅长65~75毫米。幼虫的头部呈黑色，脚部为黄黑二色，身体呈黑色，中间有一条橙色带状纹，头上有4条水平的黑色刺，腹部上的刺尖端呈粉红色，尾部的刺则呈粉红色而尖端黑色。蛹头部及翅鞘呈淡红色，背上有10个淡金属色的斑点，腹部深粉红色，刺端黑色。
- 🔵 **发生规律**：一年发生1代，仅秋季发生。
- 🔵 **危害症状**：幼虫取食植物叶子，常在叶背啃食叶肉，残留上表皮，后食叶穿孔，或自叶缘向内蚕食，虫口密度大时将植株啃食一空。
- 🔵 **防治方法**：

化学防治：危害期可喷施10%吡虫啉可湿性粉剂2 000倍液，或1.2%苦·烟乳油800~1 000倍液，或4.5%高效氯氰菊酯乳油1 500~2 000倍液进行防治。

柑橘凤蝶

- **分类地位**：鳞翅目凤蝶科。
- **寄主范围**：枸橘、花椒、茱萸等。
- **形态特征**：成虫翅展 90~110 毫米，体侧有灰白色或黄白色毛，翅上的花纹黄绿色或黄白色；前翅中室基半部有放射状斑纹 4~5 条，到端部断开（几乎相连），端半部有 2 个横斑，外缘区有 1 列新月形斑纹，中后区有 1 列纵向斑纹，外缘排列十分整齐而规则；后翅基半部的斑纹都是顺脉纹排列，被脉纹分割，在亚外缘区有 1 列蓝色斑，外缘区有 1 列弯月形斑纹，臀角有 1 个环形或半环形红色斑纹；翅反面色稍淡，前、后翅亚外区斑纹明显，其余与正面相似。
- **发生规律**：一年发生多代，主要发生期为 3~11 月，成虫多在上午羽化，同日龄雄蝶先于雌蝶羽化。成虫期 10~12 日，羽化当天即可交尾，多在天气晴朗时进行。交尾后 2~3 日产卵。
- **危害症状**：幼虫即在芽叶上取食，被害处呈锯齿状，有时也取食主脉。白天伏于主脉上，夜间取食危害。初孵幼虫就近取食叶片，食量小，随着虫龄增加，食量明显变大，5 龄进入暴食期。低龄幼虫偏向于取食幼嫩叶片，4~5 龄则取食较老叶片。分散取食，无聚集行为。
- **防治方法**：

  （1）人工防治：人工捕捉幼虫、蛹。

  （2）生物防治：保护利用金小蜂等天敌。

  （3）化学防治：幼虫期可喷施 20% 除虫脲悬浮剂 1 000~1 500 倍液进行防治。

重阳木锦斑蛾

- **分类地位**：鳞翅目斑蛾科。
- **寄主范围**：重阳木等。
- **形态特征**：成虫体长 17~24 毫米，翅展 47~70 毫米；头小，红色，有黑斑，触角黑色；前胸背面褐色，前、后端中央红色；中胸背黑褐色，前端红色，近后端有 2 个红色斑纹，或连成"U"字形；前翅黑色，反面基部有蓝光，后翅亦黑色，前、后翅反面基斑红色；腹部红色，有黑斑 5 列。卵圆形，略扁，表面光滑，初为乳白色，后为黄色。幼虫体肥厚而扁，头部常缩在前胸内，腹足趾钩单序中带，体浅黄色，头部暗褐色。蛹长 15.5~20 毫米，初时全体黄色，腹部微带粉红色。
- **发生规律**：一年可发生多代，以老熟幼虫在重阳木树皮、墙缝等处结茧过冬。5 月下旬至 11 月下旬均有发生。全年夏末秋初危害最重。
- **危害症状**：成虫白天在重阳木树冠或其他植物丛上飞舞，吸食补充营养。卵产于叶背。幼虫取食叶片，严重时将叶片吃光，仅残留叶脉等。
- **防治方法**：

    （1）人工防治：清理枯枝落叶，尽量消灭越冬虫源；越冬前涂白树干。

    （2）生物防治：保护利用绒茧蜂、横带沟姬蜂等天敌。

    （3）化学防治：幼虫期可喷施 2% 烟参碱乳油 800~1 000 倍液，或 1.8% 阿维菌素乳油 2 000~2 500 倍液进行防治。

黄刺蛾

- **分类地位**：鳞翅目刺蛾科。
- **寄主范围**：梅花、海棠、月季、石榴、桂花、樱花、枫树等。
- **形态特征**：成虫头、胸黄色，腹黄褐色，翅展 35 毫米，前翅有倒"V"字形斜线 2 条，为内侧黄色与外侧褐色的分界线。卵黄色，扁平，椭圆形。幼虫老熟时黄绿色，体长约 24 毫米；头小，隐于前胸下方；前胸有黑褐点 1 对，体背有头宽、中间窄的鞋底状紫红色斑纹 2 个；各体节有枝刺 2 对，枝刺上有黄绿色毛；体侧各节有瘤状突起，上有黄毛。蛹黄色，离蛹，椭圆形，长约 13 毫米。茧灰白色，椭圆形，表面有黑褐色纵条纹。
- **发生规律**：一年可发生 1~2 代，以老熟幼虫结茧在枝干上越冬。5 月至 8 月上旬出现成虫，卵散产于叶背。
- **危害症状**：将叶片吃成缺刻或仅留叶柄、主脉，严重影响树势。
- **防治方法**：

  （1）人工防治：冬季人工摘除越冬虫茧；黑光灯诱杀成虫。

  （2）生物防治：保护利用刺蛾广肩小蜂、上海青蜂、刺蛾寄蝇等天敌。

  （3）化学防治：危害期可喷施 20% 除虫脲悬浮剂 2 000~4 000 倍液，或苏云金杆菌（Bt）乳剂 500~800 倍液进行防治。

- **分类地位**：鳞翅目刺蛾科。
- **寄主范围**：悬铃木、香樟、红叶李、桂花、枫杨等。
- **形态特征**：成虫体长约 16 毫米，翠绿色，翅基有四边形暗褐斑 1 个，后翅浅褐色。卵椭圆形，长约 1 毫米，黄绿色。幼虫老熟时体长约 24 毫米，体翠绿色，头部红褐色，背中央有蓝紫色和暗绿色线带 3 条，背有蓝色斑块及刺枝，第 1 腹节背面着生橘红色枝刺 1 对，腹末有黑色绒球状毛丛。蛹卵圆形，长约 15 毫米，黄褐色。

- **发生规律**：一年发生 2~3 代，以老熟幼虫在茧内越冬，翌年 4 月中旬化蛹，5 月中旬至 6 月中旬成虫羽化产卵，6 月中下旬为第 1 代幼虫危害期，8 月中下旬为第 2 代。
- **危害症状**：低龄幼虫取食叶片表皮或叶肉，致叶片呈半透明枯黄色斑块。大龄幼虫取食叶片，致叶片呈较平直缺刻，严重的把叶片吃至只剩叶脉，甚至叶脉全无。
- **防治方法**：

（1）人工防治：幼虫群集危害期人工捕捉；利用黑光灯诱杀成虫。

（2）化学防治：危害期可喷施 90% 敌百虫晶体 1 000~1 500 倍液进行防治。

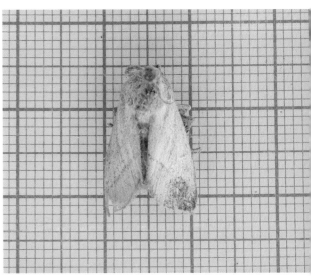

扁刺蛾

● **分类地位**：鳞翅目刺蛾科。

● **寄主范围**：蔷薇科植物及核桃、梧桐、杨、樟、桑、大叶黄杨等。

● **形态特征**：成虫体长14~17毫米，灰褐色，腹面及足的颜色更深；前翅灰褐色，自前缘近顶角处向后缘中部有明显暗褐斜纹1条。卵扁椭圆形，黄绿色，后灰褐色。幼虫老熟时体长20~27毫米，扁平，椭圆形，绿色，背中有白色纵线1条，线两侧有蓝绿色窄边，两边各有橘红色至橘黄色小点1列，背两边丛刺极小，其间有下陷的深绿色斜纹，侧面丛刺发达。蛹长10~14毫米，椭圆形，乳白色，后黄褐色。茧椭圆形，暗褐色。

● **发生规律**：一年发生1代，以老熟幼虫在浅土中结茧越冬。6月上旬成虫开始羽化，6月中旬至8月中旬为初孵幼虫期，8月危害最重。成虫单产卵粒于叶背。

● **危害症状**：以幼虫蚕食植株叶片，低龄啃食叶肉，稍大食成缺刻和孔洞，严重时食成光杆，致树势衰弱。

● **防治方法**：

化学防治：危害期可喷施1.2%苦·烟乳油1 000~1 200倍液，或4.5%高效氯氰菊酯乳油1 500~2 000倍液，或20%除虫脲悬浮剂1 500~2 000倍液进行防治。

双齿绿刺蛾

- **分类地位**：鳞翅目刺蛾科。
- **寄主范围**：樱花、西府海棠、贴梗海棠等。
- **形态特征**：成虫头胸绿色，腹部黄色，体长约 10 毫米，翅展约 24 毫米；前翅绿色，翅基部有放射状褐色斑 1 个，外缘为棕色宽带，近臀角处为双齿状宽带。卵扁椭圆形。幼虫体长约 17 毫米，粉绿色；背中线为天蓝色，其线两侧为杏黄色宽带；各体节上有刺瘤 4 个，着生黑色毒毛。蛹褐色。茧扁椭圆形。
- **发生规律**：一年发生 1 代，以幼虫在枝干上结茧越冬。6 月出现成虫，交尾后将卵产在叶背。初孵幼虫群栖危害叶片，后分散危害。6~9 月是幼虫危害期，10 月幼虫陆续越冬。
- **危害症状**：低龄幼虫多群集叶背取食叶肉，3 龄后分散食叶成缺刻或孔洞，白天静伏于叶背，夜间和清晨活动取食，严重时将叶片吃光。
- **防治方法**：
  （1）人工防治：人工摘除虫茧、卵块，捕捉低龄群集幼虫；成虫发生期，利用黑光灯诱杀成虫。
  （2）生物防治：保护利用姬蜂、猎蝽、螳螂等天敌。
  （3）化学防治：危害期可喷施 20% 除虫脲悬浮剂 1 500~2 000 倍液进行防治。

中国绿刺蛾

- **分类地位**：鳞翅目刺蛾科。
- **寄主范围**：蔷薇科以及枇杷、梧桐、杨、石榴等。
- **形态特征**：成虫体长约 12 毫米，头、胸及前翅绿色，翅基与外缘褐色，后翅灰褐色。卵椭圆形，黄色。老熟幼虫体长 15~20 毫米，体黄绿色，背线由双行蓝绿色点纹组成，侧线灰色，气门上线深绿色，气门线黄色，前胸盾有黑点 1 对，各节有灰黄色肉瘤 1 对，端部黑色，气门下线两侧各节有黄色刺瘤 1 对。蛹莲子形，黄褐色。茧椭圆形，棕褐色。
- **发生规律**：一年发生 1 代，以老熟幼虫结茧在枝干或浅土中越冬，6 月中下旬成虫羽化，成虫产卵于叶背成块。幼虫群集，1 龄在卵壳上不食不动，2 龄以后幼虫食叶成网状，老龄幼虫食叶成缺刻。
- **危害症状**：幼虫啃食寄主植物的叶，造成缺刻或孔洞，严重时常将叶片吃光。
- **防治方法**：

（1）人工防治：成虫羽化前摘除虫茧，消灭其中幼虫或蛹；及时摘除幼虫群集的叶片；成虫期用黑光灯诱杀。

（2）化学防治：幼虫期可喷施 20% 除虫脲悬浮剂 2 500 倍液进行防治。

桑褐刺蛾

- **分类地位**：鳞翅目刺蛾科。
- **寄主范围**：悬铃木、木槿、石楠、桑、水杉、银杏、合欢、牡丹、芍药等。
- **形态特征**：成虫前翅前缘内半部和外部较灰白有 2 条暗褐色横线，从前缘约 2/3 处伸到 1/3 处，内侧较暗，似影状，外横线较直，从前缘 1/3 处伸到臀角。卵扁平椭圆形，黄色。幼虫黄绿色或红色，第 3 胸节和腹部第 1、第 5、第 8、第 9 节的刺疣特长。茧灰白色，较薄脆，较大。
- **发生规律**：一年发生 1~2 代，以老熟幼虫在土中结茧越冬，5 月中旬成虫开始出现并产卵，卵散产，6 月可见第 1 代幼虫，7 月上旬起幼虫陆续结茧化蛹。第 2 代幼虫发生不整齐，一般 8 月中旬起可见到第 2 代幼虫危害，10 月起可见老熟幼虫下树结茧越冬。
- **危害症状**：幼虫稍大食叶成孔洞和缺刻，严重时将叶吃光。
- **防治方法**：

  （1）生物防治：保护利用紫姬蜂、刺蛾广肩小蜂等天敌。

  （2）人工防治：人工挖除越冬虫茧；灯光诱杀成虫。

  （3）化学防治：幼虫发生期可喷施白僵菌 300~500 倍液，或 90% 敌百虫晶体 800~1 000 倍液，或 2.5% 高效氟氯氰菊酯乳油 2 000~3 000 倍液进行防治。

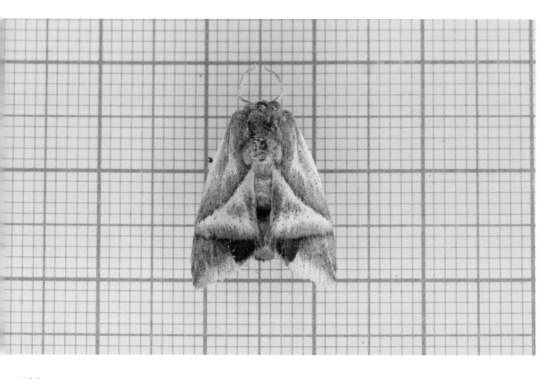

甜菜贪夜蛾

- **分类地位**：鳞翅目夜蛾科。
- **寄主范围**：十字花科、蔷薇科、菊科、百合科等植物。
- **形态特征**：成虫体长 10~14 毫米，翅展 25~34 毫米，头胸及前翅灰褐色，前翅基线仅前端可见双黑纹，内、外线均黑色，内线波浪形，剑纹为一黑条，环、肾纹粉黄色，中线黑色波浪形，外线锯齿形，双线间的前后端白色，亚端线白色锯齿形，两侧有黑点，后翅白色，翅脉及端线黑色。幼虫体色变化很大，有绿色、暗绿色、黄褐色、黑褐色等，腹部体侧气门下线为明显的黄白色纵带。蛹体长 10 毫米左右，黄褐色。
- **发生规律**：一年发生 6~8 代。7~8 月发生多，高温、干旱年份易大面积暴发。成虫昼伏夜出，有强趋光性和弱趋化性，大龄幼虫有假死性，老熟幼虫入土吐丝化蛹。幼虫可成群迁移，稍受震扰吐丝落地。3~4 龄后，白天潜于植株下部或土缝中，傍晚移出取食危害。
- **危害症状**：幼虫取食叶片，严重时，可吃光叶肉，仅留叶脉。
- **防治方法**：

  （1）人工防治：结合修剪剪除卵块，集中处理；利用黑光灯和糖醋液诱杀成虫。

  （2）生物防治：保护利用腹茧蜂、星豹蛛、斑腹刺益蝽等天敌。

  （3）化学防治：幼虫期可喷施 4.5% 高效氟氯氰菊酯乳油 2 000 倍液，或 Bt 乳剂 500 倍液进行防治。

甘蓝夜蛾

- **分类地位**：鳞翅目夜蛾科。
- **寄主范围**：丝棉木、紫荆、鸢尾、桑、柏、松、杉等。
- **形态特征**：成虫灰褐色，体长约 22 毫米，翅展约 45 毫米；前翅肾形斑灰白色，环形斑灰黑色，沿外缘有黑点 7 个，下方有白点 2 个，前缘近端部有白点 3 个；后翅灰白色。卵半球形，浅黄色，顶部有棕色乳突 1 个，其表有网格。幼虫体色随虫龄增加有异，初孵幼虫灰黑色。老熟幼虫体长约 50 毫米，头部黄褐色，胸和腹背褐色，各节背面有倒"八"字形黑线。蛹赤褐色，臀棘 2 个。
- **发生规律**：一年可发生多代，以蛹在土中越冬。翌年 5 月成虫羽化，日伏夜出，以 21：00~23：00 活动最盛。卵产在叶片背面，块状。幼虫共 6 龄，初孵幼虫群集危害，3 龄后分散危害。春秋两季危害严重。
- **危害症状**：幼虫啃食寄主植物的叶，造成缺刻或孔洞，严重时常将叶片吃光。
- **防治方法**：

（1）人工防治：利用糖醋液诱杀成虫。

（2）生物防治：保护利用赤眼蜂、寄生蝇、草蛉等天敌。

（3）化学防治：危害期可喷施 20% 除虫脲悬浮剂 2 000 倍液，或 Bt 乳剂 500 倍液进行防治。

苜蓿实夜蛾

- **分类地位**：鳞翅目夜蛾科。
- **寄主范围**：苜蓿、矢车菊、艾、苹果、向日葵、草坪等。
- **形态特征**：成虫灰褐色，体长约 15 毫米，翅展约 32 毫米；前翅黄褐色略带青绿色，中线棕色而宽，翅面有不规则的小黑点；后翅浅褐色，中部有大型弯曲黑斑 1 个，外缘为黑色宽带，带中央有 1 个点。卵半球形。幼虫体色变化大，老熟时长约 35 毫米；头部浅黄褐色，上有黑褐色斑点，中央有个倒"八"字形纹，背线及亚背线黑褐色，气门线和足黄绿色。蛹黑褐色，头顶呈黑色乳头状突起，臀刺 1 对。
- **发生规律**：一年发生 1~2 代，以蛹在土中越冬。翌年 4 月成虫羽化，有趋光性，卵产在叶背，卵期约 8 天。初孵幼虫吐丝将苜蓿叶片卷起，在其内取食，长大后不再卷叶，而蚕食叶片。5~9 月为幼虫危害期，9 月随气温下降，幼虫陆续老熟入土越冬。
- **危害症状**：初龄幼虫将叶片卷起，潜伏其中取食危害。长大后沿主脉暴食叶肉，形成缺刻和孔洞，并能取食危害豆荚。
- **防治方法**：

    （1）人工防治：结合修剪剪除卵块，集中处理；灯光诱杀成虫。

    （2）化学防治：危害期可喷施 4.5% 高效氯氰菊酯乳油 1 500~2 000 倍液，或 Bt 乳剂 500 倍液等进行防治。

斜纹夜蛾

● **分类地位**：鳞翅目夜蛾科。

● **寄主范围**：结缕草、早熟禾、黑麦草、月季、菊花、木槿等。

● **形态特征**：成虫体长 21~27 毫米，翅展 38~48 毫米，体黑褐色，触角丝状，灰黄色，复眼黑褐色；前翅黑褐色，外缘锯齿状，从顶角斜向后缘有 2 条黄褐色带搭成长"人"字形；后翅灰黄色，外缘灰黑色。幼虫初孵时黑绿色，长约 15 毫米，以后体色有灰黑色、黑绿色、黄褐色和褐黑色，老熟幼虫体长 32~50 毫米，头黑褐色，背线灰褐色。蛹体长 15~24 毫米，初时青绿色，后成深红褐色。

● **发生规律**：一年发生 1 代，以蛹潜藏于草丛或表土层中越冬。翌年 6~7 月羽化成虫，8~9 月为幼虫危害盛期，10 月上中旬幼虫化蛹越冬。高温少雨的年份暴发成灾，在短期内可将草坪或园林植物毁坏殆尽。

● **危害症状**：幼虫啃食寄主植物的叶，造成缺刻或孔洞，严重时常将叶片吃光。

● **防治方法**：

（1）人工防治：成虫羽化期安装昆虫性诱杀器诱杀成虫。

（2）化学防治：幼虫危害期可喷施 Bt 乳剂 500 倍液，或 20% 除虫脲悬浮剂 2 000 倍液进行防治。

棉铃虫

- **分类地位**：鳞翅目夜蛾科。
- **寄主范围**：大菊花、月季、木槿、向日葵、美人蕉、大丽花等。
- **形态特征**：成虫体长15~17毫米，体色多变，灰黄色、灰褐色及赤褐色均有，前翅多为暗黄色，有环形纹，中央有个褐色点。卵半球形，初产时白色，渐变淡绿色。幼虫老熟时体长40~45毫米，头黄绿色，具不规则的黄褐色网状纹，体色变化大，有淡红色、黄白色、淡绿色和绿色等。蛹纺锤形。
- **发生规律**：一年发生2~3代，以蛹在土中越冬。温度达15℃以上开始羽化，可产卵千粒，幼虫危害嫩叶及小花蕾，钻入嫩蕾、花朵中取食。
- **危害症状**：幼虫蛀食花、蕾。蕾被蛀食后苞叶张开发黄，2~3天后脱落；幼虫也取食危害棉花嫩尖和嫩叶，形成孔洞和缺刻。
- **防治方法**：

（1）人工防治：用性诱剂或黑光灯诱杀成虫。

（2）化学防治：幼虫期可喷施3%甲氨基阿维菌素苯甲酸盐微乳剂1000~1200倍液，或Bt乳剂500~800倍液进行防治。

烟夜蛾

- ● **分类地位**：鳞翅目夜蛾科。
- ● **寄主范围**：香石竹、菊花、月季、万寿菊等。
- ● **形态特征**：成虫体长15~18毫米，翅展27~35毫米；翅黄褐色，前翅有明显的环状纹和肾状纹，后翅外缘有褐色带，其内侧中部较向内凹，有黄褐色锯齿形纹。老熟幼虫体长30~35毫米，头部黄色，有不规则的网状斑。
- ● **发生规律**：一年发生2~5代，以蛹在土壤中越冬，翌年5月上旬成虫羽化，世代重叠。成虫有趋光性，成虫羽化后当晚交尾，次日产卵，一般将卵产在嫩叶表皮下、叶脉内。幼虫于5~6月开始危害，昼伏夜出，有假死和转移危害的习性，一直危害到10月下旬。幼虫老熟后入土吐丝结泥土化蛹其中。该虫喜温暖湿润的环境。
- ● **危害症状**：幼虫钻蛀花蕾及危害叶片，最后导致落花、落蕾和不开花，严重影响其观赏价值。
- ● **防治方法**：

  （1）人工防治：用黑光灯或性诱剂诱杀成虫。

  （2）化学防治：幼虫期可喷施5%吡虫啉乳油1 000~1 200倍液进行防治。

黏虫（夜盗虫）

- **分类地位**：鳞翅目夜蛾科。
- **寄主范围**：以禾本科为主。
- **形态特征**：成虫体长 15~18 毫米，翅展 36~40 毫米，头、胸灰褐色，腹部暗褐色；前翅灰黄褐色、黄色、橙色，内线黑点几个，肾纹褐黄色，不显，端部有白点 1 个，白点两侧各有黑点 1 个，外线和端线均是黑点 1 列；后翅暗褐色，向基部渐浅。卵半球形，初为白色，后为黄色，表面有明显网纹。幼虫老熟时体长约 28 毫米，体色因虫龄和食料不同而多变，有黑色、绿色和褐色等，头部有褐色网纹，体背有红色、黄色或白色等条纹。蛹红褐色，体长约 19 毫米，臀棘上有刺 4 根。
- **发生规律**：迁飞性害虫，每年由南往北迁飞，发生世代也随之逐减，北纬 33° 以北地区不能越冬。一年发生 2~3 代，5 月中旬至 6 月初出现第 1 代成虫，卵多产在黄枯叶片上。幼虫 6 龄，有假死性，昼伏夜出，4~6 龄为暴食期，在土表 1~3 厘米处化蛹。
- **危害症状**：幼虫阶段取食植物叶片，特别是禾本科草坪，大暴发时可把叶片食光，严重影响植物的生长发育和观赏价值。
- **防治方法**：

  （1）人工防治：成虫期利用灯光或糖醋液诱杀。

  （2）化学防治：幼龄幼虫期可喷施 Bt 乳剂 500~800 倍液，或 20% 除虫脲悬浮剂 1 000~2 000 倍液进行防治。

苹掌舟蛾

- **分类地位**：鳞翅目舟蛾科。
- **寄主范围**：榆叶梅、海棠、樱桃梅、榆、桃等。
- **形态特征**：成虫黄白色，体长约25毫米，翅展约56毫米，前翅基部有银灰和紫褐色各半的椭圆形斑，近外缘处有与翅基部色彩相同的斑6个。幼虫老熟时体长约50毫米，幼体枣红色，体侧有黄线；大龄幼虫体黑色，着生黄白色软长毛。
- **发生规律**：一年发生1代，以蛹在土中越冬。翌年7月成虫羽化，卵产于叶片背面，呈块状，幼虫共5龄，有假死和吐丝下垂习性，停栖时头尾向上翘起呈小舟形，7~9月为危害盛期，秋季老熟幼虫入土化蛹越冬。
- **危害症状**：幼虫取食危害叶片，受害树叶片残缺不全，或仅剩叶脉，大发生时可将全树叶片食光，危及树势。
- **防治方法**：

  （1）人工防治：利用性诱杀器诱杀成虫；人工摘除带虫叶片，集中销毁。

  （2）生物防治：保护利用日本追寄蝇、家蚕追寄蝇、松毛虫赤眼蜂等天敌。

  （3）化学防治：危害发生期可喷施90%敌百虫晶体1000倍液进行防治。

杨扇舟蛾

- **分类地位**：鳞翅目舟蛾科。
- **寄主范围**：杨、柳。
- **形态特征**：成虫褐灰色，体长约 15 毫米，前翅扇形，顶端有灰褐色扇形大斑 1 块。卵圆形，先橙红色，后黑褐色。幼虫头部黑褐色，胸部灰白色，侧面灰绿色，两侧有灰褐色宽带；每节有环行排列的橙红色瘤 8 个，其上有长毛，两侧各有较大黑瘤 1 个，第 2、第 8 腹节背中央有红黑色大瘤。蛹长圆形，体长约 16 毫米，褐色。茧椭圆形，灰白色丝质。
- **发生规律**：一年发生 3~4 代，以蛹在地面落叶、树干裂缝或基部老皮等处结茧越冬。卵多产于叶片背面，初孵幼虫群栖叶背，稍大后吐丝缀叶苞中，昼伏夜出，3 龄后逐渐向外扩散危害，5 龄老熟时吐丝缀叶做薄茧化蛹。
- **危害症状**：幼虫取食杨树、柳树的叶片，影响树木生长。1 ~ 2 龄幼虫仅啃食叶的下表皮，残留上表皮和叶脉；2 龄以后吐丝缀叶，形成大的虫苞，白天隐伏，夜晚取食；3 龄后可将全叶食尽，仅剩叶柄。
- **防治方法**：

（1）人工防治：化蛹时人工摘除虫苞或结合冬季清除落叶时消灭越冬蛹；用黑光灯诱杀成虫。

（2）生物防治：保护利用赤眼蜂、黑卵蜂、毛虫追寄蝇、小茧蜂等天敌。

（3）化学防治：危害期可喷施 Bt 乳剂 500 倍液，或 25% 灭幼脲悬浮剂 2 000 倍液进行防治。

杨小舟蛾

- **分类地位**：鳞翅目舟蛾科。
- **寄主范围**：杨、柳。
- **形态特征**：成虫翅展 24~26 毫米，前翅有灰白色横线 3 条，每线两侧具暗边，基线不清晰，内横线在亚中褶下呈亭形分叉；后翅黄褐色，臀角有赭色或红褐色小斑 1 个。卵半球形，黄绿色。老熟幼虫体长 21~23 毫米，体色灰褐色、灰绿色，微带紫色光泽，体侧各具黄色纵带 1 条，各节具有不显著的灰色肉瘤，以第 1 腹节、第 8 腹节背面的最大，上面生有短毛。蛹褐色，近纺锤形。
- **发生规律**：一年发生 3~4 代，以蛹越冬。翌年 4 月中旬开始羽化，5 月上旬第 1 代幼虫开始发生；6 月中旬至 7 月上旬第 2 代幼虫发生；7 月下旬至 8 月上旬第 3 代发生；9 月上中旬第 4 代发生，10 月底越冬。7~8 月危害最重。
- **危害症状**：幼虫孵化后群集于叶面取食表皮，被害叶呈罗网状。
- **防治方法**：

  （1）人工防治：人工摘除幼虫，振落和摘除虫苞；人工灭蛹；在成虫期利用黑光灯诱杀。

  （2）生物防治：保护利用舟蛾赤眼蜂等天敌。

  （3）化学防治：幼虫期可喷施 90% 敌百虫晶体 1 000 倍液进行防治。

红腹白灯蛾（人纹污灯蛾）

- **分类地位**：鳞翅目灯蛾科。
- **寄主范围**：蔷薇、月季、菊花、碧桃、蜡梅、榆、杨、槐等。
- **形态特征**：成虫体长约 20 毫米，翅展约 55 毫米，胸部和前翅白色，腹背部红色，前翅面上有黑点两排，停栖时黑点合并成"人"字形，后翅略带有红色。卵浅绿色，扁圆形。幼虫老熟时体长约 40 毫米，体黄褐色，背部有暗绿色线纹，各节有突起，长有红褐色长毛。蛹紫褐色，尾部有短刚毛。
- **发生规律**：一年发生 2 代，以蛹越冬。翌年 4 月成虫羽化，可延至 6 月。由于羽化期长，所以产卵极不整齐。成虫趋光性很强，老熟幼虫有假死性。5~9 月为幼虫危害期。
- **危害症状**：幼虫食叶，吃成孔洞或缺刻。
- **防治方法**：

（1）人工防治：利用黑光灯诱杀成虫。

（2）化学防治：幼虫期可喷施 2.5% 溴氰菊酯乳油 1 000~2 000 倍液，或 90% 敌百虫晶体 1 000~1 500 倍液进行防治。

白薯天蛾

- **分类地位**：鳞翅目天蛾科。
- **寄主范围**：牵牛花、茑萝、金叶番薯。
- **形态特征**：成虫体长 50 毫米，翅展 90~120 毫米，体、翅暗灰色，肩板有黑色纵线，腹部背面灰色，两侧各节有白、红、黑 3 条横线；前翅内横线、中横线及外横线各为 2 条深棕色的尖锯齿状带，顶角有黑色斜纹；后翅有 4 条暗褐色横带，缘毛白色及暗褐色相杂。老熟幼虫体长 50~70 毫米，体色有两种：一种体背土黄色，侧面黄绿色，杂有粗大黑斑，体侧有灰白色斜纹，气孔红色，外有黑轮；另一种体绿色，头淡黄色，斜纹白色，尾角杏黄色。卵球形，直径 2 毫米，淡黄绿色。蛹长 56 毫米，朱红色至暗红色，口器吻状，延伸卷曲呈长椭圆形环，与体相接，翅达第 4 腹节末。
- **发生规律**：一年发生 1~2 代，以老熟幼虫在土中 5~10 厘米深处做室化蛹越冬。成虫于 5 月或 10 月上旬出现，有趋光性，卵散产于叶背。5 月底见幼虫危害，以 9~10 月发生数量较多，卵期 5~6 天，幼虫期 7~11 天，蛹期 14 天。
- **危害症状**：幼虫取食叶片和嫩茎，高龄幼虫食量大，严重时可把叶片和嫩茎食光，仅留老茎。
- **防治方法**：

  化学防治：幼虫期可喷施 2.5% 溴氰菊酯乳油 1 200~1 500 倍液，或 Bt 乳剂 600 倍液进行防治。

红缘灯蛾

- **分类地位**：鳞翅目灯蛾科。
- **寄主范围**：木槿、梅花、棣棠、鸡冠花、椿、苦楝等。
- **形态特征**：成虫体长约23毫米，翅展约66毫米，体、翅白色，前翅前缘为红色，后翅常有黑斑，腹部背面橙黄色，具有黑色横带。卵圆形。幼虫老熟时体长约50毫米，黑褐色，第1~4腹节橙黄色，丛生同色长毛，各节有瘤状突起，并有细长毛，腹足赤红色。
- **发生规律**：一年发生1~2代，以蛹在土中越冬。翌年5月成虫羽化，日伏夜出，趋光性很强。产卵于叶片背面，上盖有黄毛。6~9月为幼虫危害期。秋季老熟幼虫在土中做薄茧，在其内化蛹越冬。
- **危害症状**：幼虫多食性，啃食寄主植物的茎、花、果实，严重时将叶、花等全部吃光，仅留叶脉、花柄。

- **防治方法**：

  （1）人工防治：利用黑光灯诱杀成虫。

  （2）化学防治：幼虫期可喷施2.5%溴氰菊酯乳油2 000~3 000倍液，或90%敌百虫晶体1 000~1 200倍液进行防治。

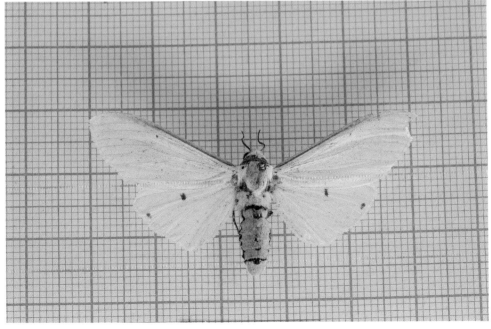

美国白蛾

- **分类地位**：鳞翅目蛾科。
- **寄主范围**：悬铃木、枫杨、刺槐、榆树、碧桃等。
- **形态特征**：成虫白色，体长 9~15 毫米；翅白色，翅展 25~42 毫米，雄蛾前翅无斑至较密的褐色斑，雌蛾前翅通常无斑；后足胫节有端距 1 对，无中距。卵近球形，直径约 0.5 毫米，表面具许多规则的小刻点，初产时为淡绿色或黄绿色，具光泽，后变为灰绿色，近孵化时为灰褐色，顶部呈黑褐色。幼虫老熟时体长 22~37 毫米，各节毛瘤发达，体背有深褐至黑色宽纵带 1 条，带内有黑色毛瘤，体侧淡黄色，毛瘤橘黄色。蛹体长 9~12 毫米，初为淡黄色，逐渐变为橙色—褐色—暗红褐色，臀棘由 8~15 个细刺组成。茧椭圆形，灰白色，丝质，混有幼虫体毛，松薄。

- **发生规律**：一年发生 2 代，个别年份为不完整的 3 代，以蛹越冬。5 月中旬至 7 月上旬为越冬代成虫期，7 月下旬至 8 月上旬为第 1 代成虫期。成虫产卵于寄主叶背面，块状。
- **危害症状**：主要以幼虫取食危害植物叶片，其取食量大，危害严重时能将寄主植物叶片全部吃光，并啃食树皮，从而削弱树木的抗害、抗逆能力，严重影响树木生长。
- **防治方法**：

（1）人工防治：及时剪除带网幕的枝叶，集中销毁；在成虫发生期利用黑光灯诱杀成虫。

（2）生物防治：保护利用蠋蝽、步甲、草蛉、瓢虫等天敌。

（3）化学防治：幼虫期可喷施 2.5% 联苯菊酯微乳剂 1 500~2 000 倍液，或 2.5% 高效氟氯氰菊酯乳油 1 500~2 000 倍液，或 4.5% 高效氯氰菊酯乳油 1 500~2 000 倍液进行防治。

国槐尺蠖（槐庶尺蛾）

- **分类地位**：鳞翅目尺蛾科。
- **寄主范围**：国槐、龙爪槐。
- **形态特征**：成虫体黄褐色至灰褐色，触角丝状，前后翅面上均有深褐色波状纹 3 条。卵扁圆形，表面有网纹，初产时为淡绿色。幼虫两型：春型老熟时体长 38~42 毫米，体粉绿色，气门线黄色，气门线以上密布小黑点，气门线以下深绿色；秋型老熟时体长 45~55 毫米，体粉绿色稍带蓝，每节中央成黑色"十"字形。蛹圆锥形，初粉绿色，后褐色。
- **发生规律**：一年发生 2~3 代，以蛹在土中越冬。4 月中下旬出现成虫。卵单产于叶片正面，成片状，每片 10 余粒。5~9 月均有幼虫，世代重叠，幼虫 3 龄后分散危害，受惊后缀丝下垂，10 月陆续下树化蛹越冬。
- **危害症状**：幼龄幼虫食叶呈网状，3 龄以后取食叶肉仅留中脉。整个幼虫期食叶量是 1 个复叶的重量，所以平均每 1 个复叶有 1 只虫时，就可以把叶片全部吃光。国槐尺蠖是国槐的暴食性害虫，大发生时短期内即可以把整株大树的叶片食光。
- **防治方法**：

    （1）人工防治：人工挖蛹，捕捉幼虫；利用黑光灯诱杀成虫。

    （2）化学防治：幼龄幼虫期可喷施 25% 灭幼脲悬浮剂 2 000~3 000 倍液，或 2.5% 溴氰菊酯乳油 1 000~2 000 倍液，或 10% 氯氰菊酯乳油 1 500~2 000 倍液进行防治。

丝棉木金星尺蛾

● **分类地位**：鳞翅目尺蛾科。

● **寄主范围**：丝棉木、卫矛、大叶黄杨、榆、槐、杨柳等。

● **形态特征**：成虫体长约33毫米，翅白色，具有淡灰色和黄褐色斑纹。卵长圆形，有网纹，初为灰绿色，后变为黑色。幼虫老熟时体黑色，前胸黄色，上有方形黑斑5个，背线、亚背线、气门上线和亚腹线为蓝白色，气门线和腹线黄色，胸部及第6腹节后各节有黄色横条纹。蛹棕色，纺锤形。

● **发生规律**：一年发生2代，以蛹在土中越冬。5月成虫羽化。卵成块产于叶背、枝干及裂缝。初孵幼虫有群集性。蜕一次皮后现体背细纹。

● **危害症状**：常暴发成灾，短期内将叶片全部吃光，引起小枝枯死。幼虫到处爬行，既影响绿化效果，又有碍市容市貌。

● **防治方法**：

（1）人工防治：利用黑光灯诱杀成虫；人工摘除卵块。

（2）化学防治：幼虫期可喷施Bt乳剂500倍液，或25%灭幼脲悬浮剂2 000~4 000倍液进行防治。

合欢巢蛾

- **分类地位**: 鳞翅目巢蛾科。
- **寄主范围**: 合欢。
- **形态特征**: 成虫体长约 6 毫米, 翅展约 12 毫米, 前翅银灰色, 散布许多小黑点。卵椭圆形, 黑绿色, 成片状。幼虫初孵时黄绿色, 渐变为黑褐色, 背中央和两侧有黄绿色纵线 5 条, 老熟时体长 9~13 毫米。蛹长约 6 毫米, 红褐色。茧丝质, 灰白色。

- **发生规律**: 一般一年发生 2 代, 蛹多在树皮缝里、树洞里、附近建筑物上越冬。翌年 6 月成虫羽化, 交尾后产卵在叶片上, 7 月下旬开始在巢内化蛹。8 月上旬第 1 代成虫羽化。8 月中旬第 2 代幼虫孵化危害。9 月底幼虫开始做茧化蛹越冬。
- **危害症状**: 产卵后在叶片上出现灰白色网状斑; 幼虫初孵化后啃食叶片, 稍大后, 将叶片及小枝吐丝连在一起, 群集在巢中危害, 导致树叶枯黄, 更有甚者将叶片全部吃光。
- **防治方法**:

（1）人工防治: 于秋、冬、春季刷除树木枝干和附近建筑物上越冬的蛹茧; 于幼虫初做巢期剪除虫巢, 消灭幼虫。

（3）化学防治: 幼虫期可喷施 20% 除虫脲悬浮剂 1 500~2 000 倍液, 或 90% 敌百虫晶体 1 000~1 200 倍液进行防治。

芋双线天蛾

- **分类地位**：鳞翅目天蛾科。
- **寄主范围**：凤仙花、牡丹、核桃、芍药、爬山虎、地锦、紫藤、水芋、猕猴桃等。
- **形态特征**：成虫褐绿色，体长约 40 毫米，翅展约 110 毫米，背线灰褐色，前翅面有数条黑褐色和黄白色条纹，后翅黑褐色，有灰黄色带。卵浅绿色，球形。幼虫老熟时体长约 80 毫米，圆筒形，体色绿褐色和紫褐色不等，胸背有黄白点，体侧有黄色圆斑和眼状线，圆斑内有红黑或黄黑两色，有尾角 1 个。
- **发生规律**：一年发生 1~2 代，以蛹在土中越冬。翌年 6~7 月成虫羽化，成虫飞翔力和趋光性很强，日伏夜出。卵产在嫩叶上，卵期约 10 天。幼虫有避光性，食量大，6~10 月为幼虫危害期，10 月幼虫陆续老熟，入土筑粗茧，在其内化蛹越冬。
- **危害症状**：幼虫取食叶片，害虫发生数量多时，可将叶片吃光，仅剩主脉和枝条，甚至可使枝条枯死。
- **防治方法**：

　化学防治：幼虫期可喷施 90% 敌百虫晶体 1 000~1 200 倍液，或 2.5% 溴氰菊酯乳油 1 500~2 000 倍液进行防治。

桃六点天蛾

● **分类地位**：鳞翅目天蛾科。

● **寄主范围**：梅花、日本晚樱、葡萄、核桃、蜡梅、碧桃、枇杷等。

● **形态特征**：成虫灰褐色至紫褐色，体长约 42 毫米，翅展约 115 毫米；前翅有褐色带 3 条，近臀角处有黑紫色斑 1 个；后翅粉红色，臀角有黑紫色斑 2 个。卵黄绿色。幼虫老熟时体长约 80 毫米，黄绿色，腹节有黄色斜纹，体表有明显的黄白色粒点，尾角粗长，尾角较长，生于第 8 腹节背面。蛹黑褐色。

● **发生规律**：一年发生 1~2 代，以蛹在土中越冬。5~6 月成虫羽化，有趋光性。夜间交尾产卵，卵散产在枝条和树皮裂缝中。7~9 月为第 1 代幼虫危害期，6~10 月为第 2 代幼虫危害期。9 月后幼虫老熟入土化蛹，并在其内越冬。

● **危害症状**：以幼虫啃食叶片，发生严重时，常逐枝吃光叶片，甚至全树叶片被食殆尽，严重影响树势。

● **防治方法**：

（1）人工防治：利用黑光灯诱杀成虫。

（2）化学防治：幼虫期可喷施 2.5% 溴氰菊酯乳油 1 000~2 000 倍液，或 Bt 乳剂 500~800 倍液进行防治。

霜天蛾

- **分类地位**：鳞翅目天蛾科。
- **寄主范围**：梧桐、泡桐、丁香、女贞、水蜡、柳、白蜡、金银木等。
- **形态特征**：成虫灰白色或灰褐色，体长约 50 毫米，翅展约 125 毫米，体背有棕黑色线纹，前翅有棕黑色波浪纹，顶角有黑色半月形斑 1 个。卵绿色，圆形。幼虫老熟时体长约 100 毫米，绿色，较粗大，体侧有白色或褐色斜纹，尾角绿色或褐色。蛹棕褐色。
- **发生规律**：一年发生 1~2 代，世代发生很不整齐，以蛹在土中越冬。翌年 5 月成虫羽化，趋光性很强。卵产于叶片背面，卵期约 10 天。幼虫多在清晨取食，白天潜伏在阴处。5~10 月为幼虫危害期，以 6~7 月危害严重。10 月幼虫老熟，入土化蛹越冬。
- **危害症状**：幼虫取食植物叶片表皮，使受害叶片出现缺刻、孔洞，甚至将全叶吃光。
- **防治方法**：

（1）人工防治：利用杀虫灯诱杀成虫。

（2）化学防治：幼虫期可喷施 Bt 乳剂 500~800 倍液，或 25% 灭幼脲悬浮剂 2 000~4 000 倍液，或 2.5% 溴氰菊酯乳油 1 500~2 000 倍液进行防治。

蓝目天蛾

● **分类地位**：鳞翅目天蛾科。

● **寄主范围**：梅花、苹果、核桃、杨、柳、榆、海棠、李、杏、油橄榄等。

● **形态特征**：成虫灰黄色，体长约 36 毫米，翅展约 90 毫米；前翅狭长，翅面有波浪纹，中室有浅色新月形斑 1 个；后翅浅灰褐色，中央紫红色，有深蓝色大圆斑 1 个，其周围为黑色环。卵椭圆形，有光泽。幼虫黄绿色，老熟时体长约 90 毫米，体表有黄白色小粒点，两侧有黄白色斜线纹，气门白色，周围黑色，腹末端有尾角。蛹黑褐色。

● **发生规律**：一年可发生多代，以蛹在土中越冬。翌年 4 月下旬至 5 月上旬出现成虫，刺槐开花、杨树飞絮时为羽化盛期。成虫有趋光性，将卵产在叶背，卵期约 15 天。初孵幼虫分散取食叶片，大龄幼虫食量猛增，地面可见大粒绿色虫粪。7 月中旬至 8 月上旬为第 2 代成虫期，8~9 月为幼虫危害期，10 月进入越冬。

● **危害症状**：低龄幼虫食叶成缺刻或孔洞，稍大常将叶片吃光，残留叶柄。

● **防治方法**：

（1）人工防治：挖蛹；采用新防护型黑光灯诱杀成虫；发生不严重时可人工捕捉幼虫，尽量不喷药剂，以保护天敌。

（2）化学防治：幼虫期可喷施 20% 除虫脲悬浮剂 2 000~4 000 倍液，或 2.5% 溴氰菊酯乳油 1 000~2 000 倍液进行防治。

豆天蛾

- **分类地位**：鳞翅目天蛾科。
- **寄主范围**：刺槐等。
- **形态特征**：成虫翅展 50~60 毫米。体、翅黄褐色，头及胸部有较细的暗褐色背线，腹部背面各节后缘有棕黑色横纹；前翅狭长，前缘近中央有较大的半圆形褐绿色斑；后翅暗褐色，基部上方有赭色斑，后角附近枯黄色。幼虫绿色，体长 80~90 毫米。
- **发生规律**：一年发生 1 代。成虫昼伏夜出，飞翔力强，可做远距离高飞。有喜食花蜜的习性，对黑光灯有较强的趋性。初孵幼虫有背光性，白天潜伏于叶背。
- **危害症状**：幼虫取食叶片呈缺刻、孔洞，严重时能将叶片吃光。
- **防治方法**：

（1）人工防治：成虫期利用黑光灯诱杀。

（2）生物防治：保护利用赤眼蜂、寄生蝇、草蛉、瓢虫等天敌。

（3）化学防治：幼虫期可喷施 90% 敌百虫晶体 1 000 倍液，或 2.5% 溴氰菊酯乳油 1 000~2 000 倍液，或 2.5% 高效氟氯氰菊酯乳油 1 500~2 000 倍液进行防治。

● **分类地位**：鳞翅目天蛾科。

● **寄主范围**：爬山虎、常春藤、绣球等。

● **形态特征**：成虫体长 38~40 毫米，翅展 68~72 毫米，绿褐色，头胸部两侧及背中央有灰白色绒毛，背线两侧有橙黄色纵条，腹部背线棕褐色，各节间有褐色横纹；两侧橙黄色，腹面粉褐色；前翅黄褐色，顶角至后缘基部有 6 条暗褐色斜条纹，后翅黑褐色，后角附近有橙灰色三角形斑纹。幼虫体长 75~80 毫米，青绿色或褐色。蛹体长 36~38 毫米，茶褐色，被细刻点。

● **发生规律**：一年发生 1 代，以蛹在 60~100 毫米深处的土室中越冬。越冬蛹 6~7 月羽化；6 月下旬出现幼虫，初孵幼虫有背光性，白天静伏在叶片背面，夜间取食。随着虫龄增长，其食量猛增，常将叶片食光。成虫产卵于叶背，每处一粒。

● **危害症状**：幼虫在叶背蚕食叶片，造成叶片残缺不全，严重时能将叶片吃光。

● **防治方法**：

（1）人工防治：结合夏季修剪捕捉幼虫；利用黑光灯或频振式杀虫灯诱捕成蛾。

（2）化学防治：幼虫期可喷施 20% 除虫脲悬浮剂 1 500~2 000 倍液，或 3% 甲氨基阿维菌素苯甲酸盐微乳剂 1 000 倍液进行防治。

红天蛾

- **分类地位**：鳞翅目天蛾科。
- **寄主范围**：忍冬、接骨木、法国冬青、菊花等。
- **形态特征**：成虫体长 33~40 毫米，翅展 55~70 毫米，体、翅以红色为主，有红绿色闪光，头部两侧及背部有两条纵行的红色带；前翅基部黑色，前缘及外横线、亚外缘线、外缘及缘毛都为暗红色，外横线近顶角处较细，愈向后缘愈粗；后翅红色，靠近基半部黑色，翅反面色较鲜艳，前缘黄色。
- **发生规律**：一年发生 2 代。以蛹在浅土层中过冬。成虫有趋光性，白天躲在树冠阴处和建筑物等处，傍晚出来活动，卵产在寄主的嫩梢及叶片端部。幼虫昼伏夜出，以清晨危害严重。6~9 月均有幼虫危害。
- **危害症状**：幼虫取食叶片，害虫发生数量多时，可将叶片吃光，仅剩主脉和枝条。
- **防治方法**：
  （1）人工防治：利用黑光灯诱杀成虫。
  （2）化学防治：幼虫期可喷施 2.5% 溴氰菊酯乳油 1 500~2 000 倍液进行防治。

- **分类地位**：鳞翅目毒蛾科。
- **寄主范围**：樱桃、杨、柳、桑、榆、山楂等。
- **形态特征**：雄成虫体长约20毫米，前翅茶褐色，有4~5条波状横带，外缘呈深色带状，中室中央有一黑点。雌成虫体长约25毫米，前翅灰白色，每两条脉纹间有一个黑褐色斑点。卵圆形稍扁，直径1.3毫米，杏黄色。老熟幼虫体长50~70毫米，头黄褐

色有"八"字形黑色纹。蛹体长19~34毫米，体色红褐色或黑褐色，被有锈黄色毛丛。
- **发生规律**：一年发生1代，以卵块在树体上、土缝中越冬。寄主发芽时开始孵化，初龄幼虫日间多群栖，夜间取食。2龄后分散取食，日间栖息在皮缝或树下土石缝中，傍晚成群上树取食。6月中下旬开始陆续老熟爬到隐蔽处结薄茧化蛹，7月成虫大量羽化。
- **危害症状**：幼虫主要危害叶片，该虫食量大，食性杂，严重时可将全树叶片吃光。
- **防治方法**：

（1）人工防治：设置黑光灯诱杀成虫。

（2）生物防治：保护利用绒茧蜂、寄蝇、黑瘤姬蜂等天敌。

（3）化学防治：幼虫期可喷施2.5%溴氰菊酯乳油3 000~5 000倍液，或20%除虫脲悬浮剂1 500~2 000倍液进行防治。

柳毒蛾

- **分类地位**：鳞翅目毒蛾科。
- **寄主范围**：杨、柳、栎树、樱桃、梅、桃等。
- **形态特征**：成虫体长约 20 毫米，翅展 40~50 毫米，全体白色，具丝绢光泽，足的胫节和跗节生有黑白相间的环纹。卵馒头形，灰白色，成块状堆积，外面覆有泡沫状白色胶质物。末龄幼虫体长约 50 毫米，背部灰黑色混有黄色，背线褐色，两侧黑褐色，身体各节具瘤状突起，其上簇生黄白色长毛。蛹长 20 毫米，黑褐色，上生有浅黄色细毛。
- **发生规律**：一年发生 2 代，以 2 龄幼虫在树皮缝做薄茧越冬。翌年 4 月开始活动，白天下树隐藏，夜间上树危害，低龄幼虫只啃食叶肉，留下表皮，长大后咬食叶片成缺刻或孔洞。6 月中旬幼虫老熟后化蛹，6 月底成虫羽化，产卵于枝干上。
- **危害症状**：低龄幼虫只啃食叶肉，黑留下表皮，长大后咬食叶片成缺刻或孔洞。
- **防治方法**：

（1）人工防治：利用黑光灯诱杀成虫；在树干上缠绕杀虫带，毒杀上下树的幼虫。

（2）化学防治：幼虫期可喷施 Bt 乳剂 500~800 倍液，或 20% 除虫脲悬浮剂 1 500~2 000 倍液进行防治。

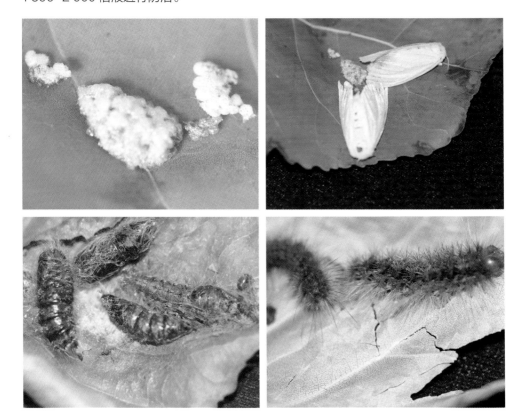

绿尾大蚕蛾

- **分类地位**：鳞翅目大蚕蛾科。
- **寄主范围**：柳、杨、樱、枫杨、枫香、喜树、核桃、苹果、乌桕等。
- **形态特征**：成虫翅展约123毫米，粉绿色，前翅前缘紫褐色，外缘黄褐色，中室末端有眼斑1个，翅脉较明显，灰黄色，后翅也有眼纹1个，后角尾状突出。卵球形，稍扁，灰黄色，直径约2.5毫米。幼虫1~2龄黑褐色，3龄橘黄色，4龄嫩绿色，老龄黄绿色，老熟幼虫体长73~82毫米，头较小，浅褐色。蛹赤褐色，额区有浅黄色三角形斑1个。茧灰色，椭圆形。
- **发生规律**：一年发生2代，在树木下部枝干分杈处结茧越冬。越冬蛹翌年4月中旬至5月上旬羽化、交尾和产卵。5月中旬幼虫孵出，幼虫5龄。6月上旬老熟幼虫开始化蛹。
- **危害症状**：低龄幼虫取食危害叶片成缺刻或孔洞，稍大便把全叶吃光，仅残留叶柄或粗脉。
- **防治方法**：

（1）人工防治：利用黑光灯诱杀成虫；人工捕捉老龄幼虫，采茧灭蛹。

（2）化学防治：幼虫期可喷施10%氯氰菊酯乳油1 500~2 000倍液，或2.5%溴氰菊酯乳油1 000~1 500倍液进行防治。

樗蚕蛾

- ● **分类地位**：鳞翅目蚕蛾科。
- ● **寄主范围**：悬铃木、冬青、合欢、刺槐、泡桐、枫杨等。
- ● **形态特征**：成虫大型，体长 20~30 毫米，翅展 110~125 毫米；体青褐色，头四周、颈板前端、前胸后缘、腹背线、侧线及末端均为白色；前翅褐色，顶角圆突，粉紫色，具黑色半透明眼斑 1 个，前后翅中央各具新月斑 1 个，斑外侧有纵贯全翅的宽带 1 条，带中粉红色，外侧白色，内侧深褐色，边缘有白曲纹 1 条。卵扁椭圆形，长约 1.5 毫米，灰白色，上有褐色斑。幼虫老熟时体长 55~60 毫米，青绿色，被有白粉，各体节有枝刺 6 根，以背中 2 根为大；体粗大，头、前中胸及尾部较细。蛹棕褐色，长约 28 毫米。茧灰白色，橄榄形，上端开孔，茧柄长 50~130 毫米。
- ● **发生规律**：一年发生 2 代，以蛹在杂灌木上结茧越冬。5 月成虫羽化、交尾和产卵。卵堆产于叶背，约经 12 天孵化幼虫，初龄幼虫群集危害，5~6 月和 9~11 月分别是各代幼虫期。幼虫在树上缀叶结茧，越冬代多在杂灌木上结茧。成虫飞翔力强，有趋光性。
- ● **危害症状**：幼虫取食植物叶片，常将叶片全部吃光，影响树木生长。
- ● **防治方法**：
  - （1）人工防治：人工捕捉幼虫，摘茧烧埋；利用黑光灯诱杀成虫。
  - （2）化学防治：幼虫期可喷施 90% 敌百虫晶体 1 000~1 200 倍液，或 2% 苦参碱乳油 1 000~1 200 倍液进行防治。

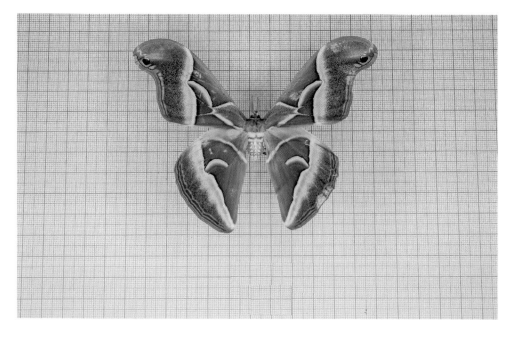

甜菜白带野螟

● **分类地位**：鳞翅目螟蛾科。

● **寄主范围**：蔷薇、向日葵、天竺葵等。

● **形态特征**：成虫翅展 24~26 毫米，体棕褐色；头部白色，额有黑斑，触角黑褐色，下唇须黑褐色向上弯曲；胸部背面黑褐色，腹部环节白色；翅暗棕褐色，前翅中室有一条斜波纹状的黑缘宽白带，外缘有一排细白斑点，后翅也有一条黑缘白带，缘毛黑褐色与白色相间，双翅展开时，白带相接呈倒"八"字形。卵扁椭圆形，体长 0.6~0.8 毫米，淡黄色。老熟幼虫体长约 17 毫米，淡绿色，近似纺锤形。蛹体长 9~11 毫米，黄褐色。

● **发生规律**：一年发生 3 代。以老熟幼虫吐丝做土茧化蛹，在田间杂草、残叶或表土层越冬。

● **危害症状**：幼虫孵化后昼夜取食。幼龄幼虫在叶背啃食叶肉，留下上表皮成天窗状，蜕皮时拉一薄网。3 龄后将叶片食成网状缺刻。

● **防治方法**：

（1）人工防治：设置黑光灯诱杀雄成虫。

（2）化学防治：幼虫期喷施 2% 烟参碱乳油 1 000~1 200 倍液，或 2.5% 溴氰菊酯乳油 1 000~1 500 倍液进行防治。

网锥额野螟（草地螟）

- **分类地位**：鳞翅目螟蛾科。
- **寄主范围**：禾本科植物及草坪。
- **形态特征**：成虫暗褐色，体长约 10 毫米，翅展约 14 毫米；前翅灰褐至暗褐色，中央有淡黄色或浅褐色近方形斑 1 个，翅外缘黄白色，有黄色小点成串连成条纹；后翅黄褐色或灰色，近外缘有平行波纹 2 条。卵椭圆形，底部平，面稍突，体长约 0.9 毫米，宽约 0.4 毫米，乳白色，有珍珠光泽。幼虫头部黑色，有明显白斑，前胸背板黑色，有黄色纵纹 3 条，体上环生刚毛，刚毛基部黑色，外围有同心黄色环 2 个。蛹黄色至黄褐色，体长约 12 毫米，宽约 2 毫米，腹末由 8 根刚毛构成锹形。茧长筒形，体长约 30 毫米，直立于土表下。

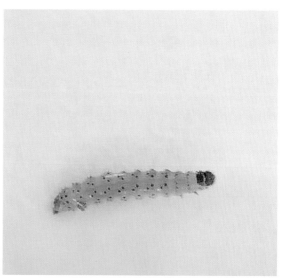

- **发生规律**：为突发性、间歇性大发生害虫。一年发生 1~4 代，以幼虫在土壤中越冬。其发生量决定于越冬基数，迁飞、越冬代成虫卵量，卵的发育情况及初龄幼虫的存活率。
- **危害症状**：幼虫取食叶肉组织，残留表皮或叶脉，稍大后把叶片吃成缺刻或孔洞，严重时叶子呈网状。
- **防治方法**：

（1）人工防治：成虫期利用黑光灯和性诱剂诱杀成虫。

（2）化学防治：幼虫期可喷施 1.8% 阿维菌素乳油 1000~1200 倍液，或 2% 烟参碱乳油 1000~1500 倍液进行防治。

黄杨绢野螟

- **分类地位**：鳞翅目螟蛾科。
- **寄主范围**：瓜子黄杨、雀舌黄杨、珍珠黄杨、庐山黄杨、朝鲜黄杨。
- **形态特征**：成虫前翅半透明，中室内有 2 个白点，一个细小，一个呈新月形。卵扁平，椭圆形呈鱼鳞状排列，初产黄绿色，不易发现。幼虫头部黑褐色，胸腹部浓绿色，背线、亚背线、气门上线、气门线、基线、腹线明显。
- **发生规律**：一年发生多代，以 2 龄幼虫黏合 2 叶结包越冬，翌年 3 月末开始出包危害，5 月下旬出现成虫，6 月出现第 1 代幼虫，8 月出现第 2 代幼虫，10 月下旬第 3 代幼虫结包准备越冬。
- **危害症状**：以幼虫取食危害嫩芽和叶片，常吐丝缀合叶片，于其内取食，受害叶片枯焦，严重的街道被害株率 50% 以上，甚至可达 90%，暴发时可将叶片吃光，造成黄杨成株枯死，影响市容，污染环境。
- **防治方法**：

（1）人工防治：冬季清除枯枝卷叶，将越冬虫茧集中销毁；利用黑光灯诱杀成虫。

（2）化学防治：幼虫期可喷施 2.5% 溴氰菊酯乳油 1 000~2 000 倍液，或 2.5% 高效氟氯氰菊酯乳油 1 500~2 000 倍液，或 25% 阿维·灭幼脲悬浮剂 1 000~2 000 倍液进行防治。

蔷薇切叶蜂

- **分类地位**：膜翅目切叶蜂科。
- **寄主范围**：以蔷薇科植物为主。
- **形态特征**：雌成虫体长13~14毫米，宽5~6毫米，体黑色，被灰黄色毛；颚4齿，第3齿宽大呈刀片状；腹部有黄色毛带，腹毛刷为褐黄色或黑褐色。雄成虫体长11~12毫米，宽5~5.5毫米。卵长椭圆形，乳白色。幼虫呈"C"字形，淡褐黄色，体多皱纹。蛹褐色。茧近圆筒形。

- **发生规律**：一年发生1代，以茧内老熟幼虫在潮湿的洞穴、墙缝内越冬。翌年6月上中旬化蛹。6月末至8月中旬为羽化期，7月为高峰期。在寄主附近的地下窖井墙缝隙内以切来的叶片做巢，内产卵1粒，最后以叶片将巢封闭。
- **危害症状**：取食叶片，造成叶片缺刻。
- **防治方法**：

（1）人工防治：产卵期摘除有卵叶片。

（2）化学防治：成虫出现高峰期可喷施2.5%溴氰菊酯乳油1500~2000倍液，或90%敌百虫晶体1000倍液进行防治。

短额负蝗

- **分类地位**：直翅目锥头蝗科。
- **寄主范围**：菊花、香石竹、茉莉、泡桐、桃、唐菖蒲、美人蕉等。
- **形态特征**：成虫浅绿色或褐色，瘦长，体长约 30 毫米，头部向前突出，前翅绿色，后翅基部为红色，后足发达为跳跃足。卵乳白色，椭圆形。若虫形似成虫，无翅，只有翅芽。
- **发生规律**：一年发生 2 代，以卵在土中越冬，翌年 5~6 月卵孵化。雄成虫在雌成虫的背上交尾，故称"负蝗"。雌成虫在向阳土层中产卵。
- **危害症状**：若虫群集在叶片上危害，随着虫体增长，将叶片造成缺刻成孔洞。严重时在短时间内将叶片食光，仅留枝干和叶柄，影响植株生长发育。
- **防治方法**：

  （1）人工防治：可人工捕捉初龄幼虫。

  （2）化学防治：幼虫期喷施 20% 除虫脲悬浮剂 2 000 倍液，或 4.5% 高效氯氰菊酯乳油 2 000 倍液进行防治。

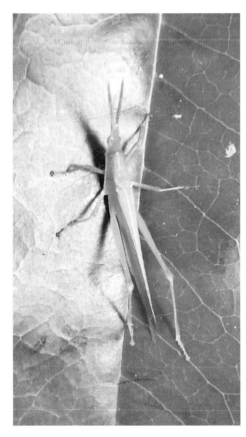

亚洲飞蝗

- **分类地位**：直翅目飞蝗科。
- **寄主范围**：甘蓝、禾本科草坪草等。
- **形态特征**：成虫头部较宽，复眼较大，前胸背板略短，沟前区明显缩狭，沟后区较宽平，前胸背板中隆线较平直，前缘近圆形，后缘呈钝圆形，前翅较长，远超过腹部末端，后足胫节淡黄色。体色随环境的变化而变化，一般呈绿色、黄绿色、灰褐色等。
- **发生规律**：一年发生1代，以卵在土中越冬，发生时期随年份不同和地区等环境条件的变化而有较大的差异。
- **危害症状**：以成虫、若虫咬食叶片，造成叶片缺刻，严重时能吃光叶片，也可咬断茎秆和幼芽。
- **防治方法**：

化学防治：发生严重时可喷施2.5%溴氰菊酯乳油1000倍液，或4.5%氯氰菊酯乳油1500倍液进行防治。

柳圆叶甲

- **分类地位**：鞘翅目叶甲科。
- **寄主范围**：垂柳、旱柳、夹竹桃、泡桐等。
- **形态特征**：成虫卵圆形，体长约 4 毫米，全体深蓝色，有金属光泽，有时带绿光。卵橙黄色，椭圆形。幼虫扁平，灰黄色，体长约 6 毫米，前胸背板中线两侧各有大褐斑 1 个，中、后胸背板侧缘有较大乳突，腹部各节有黑色较小乳突，腹末具黄色吸盘。蛹椭圆形，黄褐色，体长约 4 毫米，腹部背面有黑斑 4 列。
- **发生规律**：一年发生 3 代，均以成虫在落叶、杂草及土中越冬。春季柳树发芽时出蛰活动、交配、产卵。成虫有假死性。卵期约 1 周。幼虫在叶片上群聚危害，被害处叶片呈网状。此虫发生极不整齐，从春季到秋季均可见成、幼虫活动。
- **危害症状**：成虫取食叶片成缺刻或孔洞，幼虫啃食叶表后，留下一层较透明的叶组织，有时也会造成缺刻或孔洞。
- **防治方法**：

    （1）生物防治：保护利用益蝽、猎蝽、大腿蜂等天敌。

    （2）化学防治：成虫、幼虫发生期可喷施 2% 烟参碱乳油 800~1 000 倍液，或 10% 吡虫啉可湿性粉剂 2 000~3 000 倍液进行防治。

绿芫菁

- **分类地位**：鞘翅目芫菁科。
- **寄主范围**：国槐、刺槐、紫穗槐、锦鸡儿、荆条、柳、黄檗、梨等。
- **形态特征**：成虫全身绿色，有紫色金属光泽，有些个体鞘翅有金绿色光泽，额前部中央有1条橘红色小斑纹，触角念珠状，鞘翅具皱状刻点，凸凹不平。体长11~21毫米，宽3~6毫米。
- **发生规律**：一年发生1代，以假蛹在土中越冬。翌年蜕皮化蛹，成虫有假死性。受惊时足部分泌黄色液体，该液体对人体有毒。5~9月为成虫危害期，严重时把叶片吃光。
- **危害症状**：成虫早晨群集在枝梢上取食叶片危害。
- **防治方法**：

    （1）人工防治：清晨人工捕捉成虫。

    （2）化学防治：发生严重时可喷施2.5%溴氰菊酯乳油1 500~2 000倍液，或90%敌百虫晶体1 500~2 000倍液进行防治。

蛀干类害虫

　　蛀干类害虫，主要有天牛、吉丁虫、木蠹蛾、茎蜂等，是园林植物致死性较强的害虫，它们的幼虫钻蛀植物的枝、干，轻者造成植物长势衰弱、枝干易风折，重者造成全株死亡。

　　此类害虫隐蔽性强，防治难度大，防控应从园林设计就开始，可以将蛀干类害虫的偏嗜性植物与不嗜生植物混植，避免栽植较大面积的纯种林。化学防治常用的方法有树干叶面喷药，根部埋药或浇灌药液，树干注射药剂或刮皮涂药，蛀孔插放毒签；生物防治常用的方法有利用天敌、微生物和激素防治；也可以利用成虫生活习性来捕捉或诱杀成虫，通过人工刮除、锤击等手段灭杀虫卵。

小线角木蠹蛾

- **分类地位**：鳞翅目木蠹蛾科。
- **寄主范围**：白蜡、国槐、银杏、悬铃木、白玉兰、海棠、榆叶梅等。
- **形态特征**：成虫灰褐色，翅展 38~72 毫米，前翅灰褐色，满布弯曲的黑色横纹，翅基及中部前缘有暗区 2 个，前缘有黑色斑点 8 个。卵圆形，乳白至褐色。幼虫初孵时粉红色，老熟时体扁圆筒形，腹面扁平，头部黑紫色，胸、腹部背板浅红色，有光泽，节间黄褐色。
- **发生规律**：两年发生 1 代，以幼虫在木质部内越冬。5 月下旬至 9 月中旬出现成虫。成虫羽化后蛹皮一半在外，一半留在树体内。卵单产或成堆块状产于树皮缝中，初孵幼虫聚集在形成层、木质部浅层危害，逐渐蛀入木质部。
- **危害症状**：幼虫蛀食花木枝干木质部，几十至几百头群集在蛀道内危害，蛀道相通，蛀孔外面有用丝连接成的球形虫粪。轻者造成风折枝干，重者使花木死亡。
- **防治方法**：

（1）人工防治：利用黑光灯诱杀成虫。

（2）生物防治：保护姬蜂、寄生蝇等天敌。

（3）化学防治：可采用枝干注射白僵菌溶液或采用插毒签进行防治。

罗汉肤小蠹

- **分类地位**：鞘翅目小蠹科。
- **寄主范围**：侧柏、桧柏。
- **形态特征**：成虫体长约2.5毫米，宽约1.3毫米，圆形，略扁，赤褐色或黑褐色；前胸背板宽大于长，前缘窄，呈圆形，每个鞘翅上有纵纹9条。卵圆球形，白色。幼虫初孵时乳白色，老熟幼虫体稍弯曲，体长约2.8毫米，乳白色，头淡黄褐色。蛹初为乳白色，近羽化时灰黑色，体长约2.5毫米。
- **发生规律**：一年发生1代，以成虫和幼虫在树皮蛀道内越冬。4月成虫开始飞出，交尾后做母坑道。母坑道一般与被害枝干平行，并在坑道内产卵，幼虫孵化后在树皮和木质部之间向坑道两侧呈放射状蛀食危害。5月中下旬幼虫老熟，在蛀道末端化蛹，6月上旬成虫羽化，咬成圆形羽化孔飞出，转移到树冠上直径约2毫米的小枝上蛀食。9月中下旬成虫再回到较粗枝干上潜伏越冬。
- **危害症状**：成虫、幼虫在衰弱的寄主韧皮部与边材之间蛀食横行的母坑道和纵行的子坑道，加速植株枯萎死亡。
- **防治方法**：

  （1）人工防治：及时剪除新枯死的带虫枝，防止危害扩大蔓延。

  （2）生物防治：保护利用金小蜂等天敌。

  （3）化学防治：必要时用2.5%溴氰菊酯乳油1000~1200倍液喷干防治。

刺角天牛

● **分类地位**：鞘翅目天牛科。

● **寄主范围**：杨、柳、槐、椿、榆、银杏等。

● **形态特征**：成虫灰黑色至棕黑色，被有棕黄色和银灰色闪光绒毛，体长约 40 毫米，触角灰黑色，雄虫第 3~7 节、雌虫第 3~10 节有较明显的内端刺，足黑色，有棕色绒毛。卵长卵圆形，体长约 34 毫米，乳白色。幼虫老熟时体长约 50 毫米，淡黄色至黄色。蛹体长约 45 毫米，白色略带黄色。

● **发生规律**：以幼虫和成虫在被害木内越冬。翌年 5~6 月成虫羽化飞出，5 月末至 6 月初为羽化盛期。喜产卵于中、老龄树树干下部的皮缝、伤口和羽化孔口等处，卵散产，幼虫孵化后蛀入韧皮部及木质部取食，排出虫粪、木屑或木丝，老熟后在虫道蛹室内化蛹。

● **危害症状**：幼虫蛀食树干，导致植株长势衰弱，严重时导致死亡。

● **防治方法**：

（1）人工防治：加强养护管理，增强树势，提高树木抗虫能力；人工捕捉成虫。

（2）化学防治：用药泥或毒签等封堵虫孔，熏杀幼虫；严重时向树干喷洒 2.5% 溴氰菊酯乳油 2 000 倍液毒杀成虫。

光肩星天牛

- **分类地位**：鞘翅目天牛科。
- **寄主范围**：柳、杨、榆、枫、桑等。
- **形态特征**：成虫体长 20~35 毫米，宽 8~12 毫米，黑色，有光泽，触角鞭状，12 节，前胸两侧各有刺突 1 个，鞘翅上有白色绒斑约 20 个，鞘翅基部光滑无小颗粒，体腹密生蓝灰色绒毛。卵乳白色，长椭圆形，体长 6~7 毫米，两端略弯曲。幼虫老熟时体长约 50 毫米，白色。蛹纺锤形，乳白色至黄白色，体长 30~37 毫米。
- **发生规律**：一年发生 1 代或两年发生 1 代，越冬的老龄幼虫翌年直接化蛹。9~10 月产卵到翌年孵化。
- **危害症状**：幼虫蛀食树干，能引起树木枯梢、风折；成虫咬食树叶或小树枝皮和木质部。
- **防治方法**：

（1）人工防治：在成虫盛发期捕捉成虫。

（2）生物防治：保护利用花绒坚甲等天敌。

（3）化学防治：在卵及初孵幼虫期，向蛀孔喷施 2.5% 溴氰菊酯乳油 200 倍液，喷液量以树干流药液为止；幼虫长大蛀入木质部深处时，用注射器向蛀道内注射内吸性药剂或用毒签插入蛀道内熏杀，使用这些方法的蛀孔应用黏泥封堵。

桑粒肩天牛

● **分类地位**：鞘翅目天牛科。

● **寄主范围**：海棠、枇杷、梨、桑、榆、柳等。

● **形态特征**：成虫体长 40 毫米左右，体密被黄褐色细绒毛，鞘翅基部有黑色瘤突，触角鞭状。卵近椭圆形，体长 6 毫米左右，黄白色。幼虫老熟时体长 60 毫米左右，体乳白色，前胸节特别大，背板上密生黄褐色刚毛和赤褐色点粒，并有"小"字形凹陷纹。蛹初为淡黄色，后变为黄褐色。

● **发生规律**：2~3 年发生 1 代，以幼虫在树干隧道中越冬。幼虫期 2 年，老熟幼虫 5 月化蛹，6~7 月出现成虫。成虫具有假死性，多选择一年生小枝条，将表皮咬出刻槽产卵。幼虫孵化后，向下顺着枝条蛀食，每隔一定距离向外咬出圆排粪孔，虫粪由排粪孔排出。

● **危害症状**：成虫啃食嫩枝皮层，幼虫钻蛀枝干及根部木质部，使枝干局部或全部枯死，严重者整株死亡。

● **防治方法**：

（1）人工防治：巡视树干，捕捉成虫；及时清除受害小枝条，以免幼虫长大后转入大枝干或主干危害。

（2）化学防治：在主干发现新排粪孔时，可用 90% 敌百虫晶体 5 倍液注入新排粪孔内，并堵塞从下数起的连续数个排粪孔。成虫期可喷洒绿色微雷等微胶囊水剂 300~400 倍液毒杀成虫。

- **分类地位**：鞘翅目天牛科。
- **寄主范围**：桃、杏、红叶李、梅、樱桃等。
- **形态特征**：成虫体长 28~37 毫米，体黑色发亮，前胸棕红色或黑色，密布横皱，两侧各有刺突 1 个，背面有瘤突 4 个，鞘翅表面光滑。卵椭圆形，白色，体长 6~7 毫米。幼虫老熟体长 42~52 毫米，乳白色，长条形。蛹为裸蛹型，长约 35 毫米，初为乳白色，后为黄褐色。
- **发生规律**：2~3 年发生 1 代，以幼龄和老龄幼虫在树干内越冬。8 月出现成虫，成虫遇惊扰飞逃或坠落草中，多于午间在枝干上交尾，产卵于树皮裂缝中。成虫和卵暴露在树体外，幼虫在树干内隐蔽生活 2~3 年，幼虫在树干内的蛀道极深，而且多分布在地上 50 厘米范围的主干内，干基密积屯粪木屑，很快导致树木死亡。
- **危害症状**：幼虫蛀入木质部危害，造成枝干中空，树势衰弱，严重时可使植株枯死。
- **防治方法**：

（1）生物防治：保护利用管氏肿腿蜂等天敌。

（2）人工防治：幼虫孵化期，人工刮除老树皮，集中销毁。成虫羽化期，利用成虫 14：00~15：00 静栖在枝条上，特别是下到树干基部的习性，进行捕捉。检查树干，发现有方形产卵伤痕，及时刮除或以锤击杀死卵粒。

（3）化学防治：对有新鲜虫粪排出的蛀孔，可注射 90% 敌百虫晶体 5 倍液并用黄泥封堵洞口，毒杀幼虫。

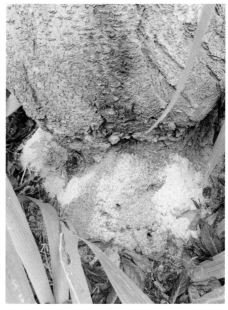

云斑天牛

- **分类地位**：鞘翅目天牛科。
- **寄主范围**：白蜡、桑、柳、女贞、枇杷、杨、悬铃木、紫薇等。
- **形态特征**：成虫体长 34~61 毫米，宽 9~15 毫米，体黑褐色或灰褐色，密被灰褐色和灰白色绒毛，每个鞘翅上有白色或浅黄色绒毛组成的云状斑纹，鞘翅基部有大小不等颗粒。卵体长 6~10 毫米，宽 3~4 毫米，长椭圆形，稍弯，初产时为乳白色，后渐变为黄白色。老龄幼虫体长 70~80 毫米，淡黄白色。蛹体长 40~70 毫米，淡黄白色，末端锥状。
- **发生规律**：幼虫和成虫在蛀道内和蛹室内越冬。越冬成虫翌年 4 月中旬咬一圆形羽化孔外出，5 月为羽化盛期，6 月为产卵盛期，卵期 10~15 天，幼虫期达 12~14 个月，成虫寿命约 9 个月。
- **危害症状**：成虫取食嫩枝皮层及叶片，幼虫蛀食树干，轻者树势衰弱，重者整株干枯死亡，还会导致木腐菌寄生。
- **防治方法**：

（1）人工防治：成虫发生盛期，傍晚持灯诱杀，或早晨人工捕捉。

（2）化学防治：在幼虫蛀干危害期，发现树干上有粪屑排出时，用刀将皮剥开挖出幼虫；或从发现的蛀孔注入 90% 敌百虫晶体 5 倍液，并用黄泥封闭洞口，也可用药泥或毒签堵塞、封严虫孔，毒杀干内幼虫。冬季或产卵前涂白树干，既可防止成虫产卵，也可杀灭幼虫。

芫天牛

- **分类地位**：鞘翅目天牛科。
- **寄主范围**：油松、白皮松、白蜡、刺槐等。
- **形态特征**：成虫体长 18 毫米左右，雌虫外貌酷似芫菁，头正中有 1 条细纵线，触角细短，鞘翅短缩，仅达腹部第 2 节，缺后翅，腹部膨大；雄虫体较狭，鞘翅覆盖整个腹部，具后翅。
- **发生规律**：一年发生 1 代，以幼虫在地下越冬。6~7 月成虫羽化，卵产于树干翘皮下。孵化后的幼虫落至地面，钻入土中啃食植物根部，造成植物根部坏死，使植物长势衰弱。
- **危害症状**：幼虫啃食植株根部，影响植株生长，造成植株长势衰弱，严重时，导致植株死亡。
- **防治方法**：

（1）人工防治：人工捕捉成虫，减少虫源。

（2）化学防治：幼虫孵化期可喷施 10% 氯氰菊酯乳油 300 倍液，或 4.5% 高效氯氰菊酯乳油 300 倍液于植物基部或灌根来杀灭幼虫。

月季茎蜂

● **分类地位**：膜翅目茎蜂科。

● **寄主范围**：玫瑰、月季、蔷薇等。

● **形态特征**：成虫体长 20 毫米左右，黑色，有光泽，复眼之间有 2 个黄绿点，翅深茶色，半透明，腹部有 1 根尾刺。卵黄白色，近似梨形。幼虫体长 17 毫米，乳白色，头部浅黄色。蛹棕红色，纺锤形。

● **发生规律**：一年发生 1 代。以幼虫在被害茎内越冬。翌年 4 月化蛹，4 月中旬至 5 月中旬出现成虫，产卵于当年生新梢和含苞的花茎上。初孵幼虫即蛀入茎干内，并沿着茎干中心向下蛀食。5 ~ 10 月为幼虫危害期，10 月下旬幼虫钻入较粗的枝条内做薄茧越冬。

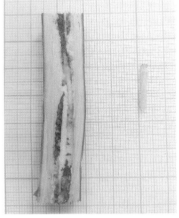

● **危害症状**：以幼虫为主，幼虫在茎的髓部蛀食，造成枝条折断、萎蔫、枯死、基部萌芽增多，嫩梢变黑下垂等。

● **防治方法**：

（1）人工防治：修剪虫枝，剪除受害下垂枝梢，要剪过茎髓无蛀道为止，然后集中销毁。

（2）化学防治：5 月中下旬幼虫孵化期，可喷施 2.5% 溴氰菊酯乳油 1 500 倍液进行防治。

赵氏瘿孔象

- **分类地位**：鞘翅目象虫科。

- **寄主范围**：朴树。

- **形态特征**：成虫体长约 7 毫米，椭圆形，褐色，体密被白毛，鞘翅褐色或黑褐色，翅面有纵沟、刻点。卵椭圆形，乳白色。幼虫纺锤形，老熟时呈黄褐色，体长约 6 毫米。虫瘿初期扁圆形，黄绿色，后期椭圆形，褐色或褐绿色，质地坚硬，最长可达 30 毫米，宽可达 18 毫米。

- **发生规律**：一年发生 1 代，以成虫在虫瘿内越冬，极少存在幼虫在虫瘿内越冬。翌年 3 月成虫飞出，3 月中旬产卵于芽内或新梢顶芽旁，4 月幼虫开始孵化，蛀入新梢危害，开始形成虫瘿，8 月中下旬化蛹，8 月下旬至 9 月上旬羽化为成虫越冬。

- **危害症状**：幼虫危害新梢，形成虫瘿，造成新发枝短小，冬季容易干枯，导致整体树势衰弱。

- **防治方法**：

（1）人工防治：剪除虫瘿，集中销毁。

（2）化学防治：幼虫期可用 90% 敌百虫晶体 5 倍液注干防治；成虫飞出产卵时，可喷施 2.5% 溴氰菊酯乳油 1 000~2 000 倍液进行防治。

地下害虫

　　地下害虫，如金龟、地老虎等。其生长在地下，长期危害植物的地下部分，或昼伏夜出，夜里出来啃食地上茎芽、嫩叶等，造成植物地上部分衰弱，甚至死亡。主要危害园林植物中的幼苗、草坪、地被、宿根花卉等。

　　此类害虫的成虫可采取灯光诱杀、毒饵诱杀等方法进行防治，效果很好；对于躲在地下的幼虫可采取药物浇灌、撒施颗粒型药物进行灭杀，在园林管理实践中可结合浇水、施肥同时使用药物灭杀幼虫。

大黑鳃金龟

- **分类地位**：鞘翅目鳃金龟科。
- **寄主范围**：榆、杨、山楂、草坪草等。
- **形态特征**：成虫体长 16~21 毫米，宽 8~11 毫米，黑褐色或黑色，有光泽，前胸背板宽，约是长的 2 倍，上有许多刻点，鞘翅各具明显纵肋 4 条，前足胫节外缘具齿 3 个，中、后足胫节末端具端距 2 个，爪为双爪式。卵乳白色，圆形。幼虫乳白色。蛹黄色至红褐色，体长 20 毫米。
- **发生规律**：两年发生 1 代，以成虫及幼虫越冬。越冬成虫 4 月末至 5 月中旬开始出土，盛期在 5 月中旬至 6 月初，末期可延至 8 月下旬。成虫于每天 17：00 左右开始出土活动，20：00~21：00 活动最盛，到翌日 2：00 相继入土潜伏。成虫趋光性较弱，卵一般散产于表土中。孵化盛期在 7 月中下旬。幼虫共 3 龄，当 10 厘米深土温降至 12℃ 以下时，即下迁至 0.5~1.5 米处做土室越冬。
- **危害症状**：幼虫取食危害各种植物根系，成虫取食危害树叶及部分作物叶片，幼虫的危害可使幼苗致死。
- **防治方法**：

（1）人工防治：成虫期用灯光诱杀成虫。

（3）化学防治：可用 90% 敌百虫晶体 1 000 倍液灌根杀死土中幼虫。

铜绿异丽金龟

- **分类地位**: 鞘翅目丽金龟科。
- **寄主范围**: 杨、柳、榆、松、杉等。
- **形态特征**: 成虫体长24~30毫米, 宽15~18毫米, 背面铜绿色, 有光泽, 头部深铜绿色, 复眼黑色, 大而圆, 触角9节, 黄褐色, 臀板三角形, 上有三角形黑斑1个。卵近球形, 体长约2.3毫米, 宽约2.1毫米, 白色, 表面平滑。幼虫体长约30毫米, 宽约12毫米, 头部暗黄色, 近圆形, 其表皮内呈泥褐色, 微带蓝色。蛹椭圆形, 体长约25毫米, 宽13毫米, 土黄色, 稍扁, 末端圆平。
- **发生规律**: 一年发生1代, 以3龄幼虫在土中越冬。翌年5月开始化蛹。成虫在6月出现, 6月下旬至7月上旬为发生高峰, 8月下旬终止。7月见卵, 8月孵化出幼虫, 11月幼虫深藏越冬。
- **危害症状**: 成虫食性杂、食量大, 群集危害, 有假死性和强烈的趋光性, 21: 00~22: 00为危害高峰。幼虫主要危害植物根系, 一般在傍晚或清晨从土层深处爬到表层取食, 啃食皮层或根系, 使寄主植物叶子萎黄甚至整株枯死。
- **防治方法**:

  (1) 人工防治: 利用黑光灯诱杀成虫。

  (2) 生物防治: 用绿僵菌杀灭幼虫。

  (3) 化学防治: 危害发生期可用2.5%溴氰菊酯乳油1 000~2 000倍液灌根防治。

小青花金龟

- **分类地位**：鞘翅目花金龟科。
- **寄主范围**：丁香、月季、金盏菊、萱草、假龙头、唐菖蒲等。
- **形态特征**：成虫体深绿色或赤铜色，无光泽，体色和斑纹在不同地区、不同植物上常有变异，长约12毫米，宽约8毫米，前翅有黄色、白色、铜锈色花斑。卵球形，白色。幼虫乳白色，长约20毫米，俗称蛴螬。蛹卵圆形。
- **发生规律**：一年发生1代，以成虫在土中越冬。5月成虫出土活动，喜群集危害，中午常几头或几十头在植物上取食，其他时间在花朵或土壤里潜伏。5~6月为成虫危害盛期，产卵于土中，卵期约20天。幼虫在土中取食嫩苗和幼根，直至秋季化蛹。羽化后就地越冬。
- **危害症状**：成虫常群集在花序上，取食危害花蕾和花，严重时可将雄蕊和雌蕊吃光，花瓣也被吃得残缺不全，降低了花卉的观赏价值。
- **防治方法**：

（1）人工防治：人工捕捉成虫。

（2）生物防治：保护利用鸟类、青蛙、步甲、寄生蜂等天敌。

（3）化学防治：成虫大量发生时可喷施2.5%溴氰菊酯乳油1 500~2 000倍液进行防治。

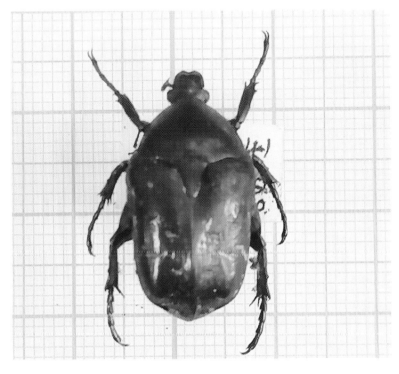

无斑弧丽金龟

● **分类地位**：鞘翅目丽金龟科。

● **寄主范围**：月季、紫薇、金盏菊、唐菖蒲等。

● **形态特征**：成虫体暗绿色，具蓝色光泽，体长约12毫米，宽约7毫米，鞘翅短宽，蓝紫色，前胸背板略拱起，翅面有刻点，臀板外露，无白色毛斑。卵球形，白色。幼虫乳白色，蛴螬型。蛹为离蛹型。

● **发生规律**：一年发生1代，以幼虫在土中越冬。翌年5月化蛹，蛹期约15天。卵产在土壤中，卵期约15天。10月随气温下降，幼虫向深土层移动而越冬。

● **危害症状**：成虫危害各种花卉，使花冠残缺不全、凋谢，其危害状与小青花金龟危害状相似。幼虫在土壤中取食花卉细根和腐殖质。

● **防治方法**：

（1）人工防治：早晨或傍晚在花卉上捕捉成虫，集中杀死。

（2）化学防治：成虫大量发生时可用10%氯氰菊酯乳油1 000~1 200倍液喷雾防治。

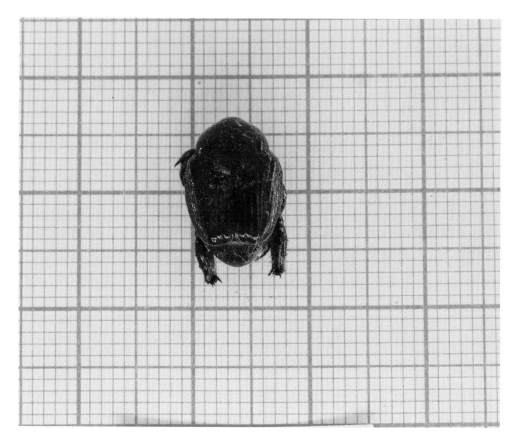

白星花金龟

- **分类地位**：鞘翅目花金龟科。
- **寄主范围**：榆、柳、苹果、海棠、月季等。
- **形态特征**：成虫体长 18~22 毫米，宽 11~13 毫米，体色多为古铜色或黑紫铜色，有光泽，前胸背板、鞘翅和臀板上有白色绒状斑纹，前胸背板上通常有 2~3 对或排列不规则的白色绒斑。
- **发生规律**：一年发生 1 代，以幼虫在土中越冬。成虫 5 月出现，7~8 月为发生盛期。有假死性。主要危害植物的花，或吸取榆、柳类多种树木伤口处的汁液。成虫产卵于含腐殖质多的土中或堆肥和腐物堆中。
- **危害症状**：成虫危害各种花卉，使花冠残缺不全、凋谢早落，其危害状与小青花金龟危害相似。
- **防治方法**：

（1）人工防治：利用糖醋液或灯光诱杀成虫；早晨或傍晚在花卉上、枝干上人工捕捉成虫，集中杀死。

（2）化学防治：成虫大量发生时可用 10% 氯氰菊酯乳油 1 000~1 500 倍液喷雾防治。

小黄鳃金龟

- **分类地位**：鞘翅目鳃金龟科。
- **寄主范围**：苹果、梨、丁香等。
- **形态特征**：成虫体长 11~13.6 毫米，宽 5.3~7.4 毫米，全体黄褐色，密生短毛，头部黑褐色，复眼黑色。卵椭圆形，初产时为乳白色，孵化前为浅褐色。幼虫共 3 龄，头部黄褐色，胴部乳白色，老熟时体长约 14 毫米。蛹体长约 14 毫米，宽 5~6 毫米，浅黄褐色，复眼黑色，蛹体向腹面曲。
- **发生规律**：一年发生 1 代，以 3 龄幼虫在地下越冬，翌年 3 月上旬开始向上移动，4 月中旬至 5 月中旬危害，5 月下旬至 6 月上旬为化蛹期，6 月下旬为成虫盛期，7 月初产卵，7 月下旬至 10 月上旬为幼虫危害期，10 月中旬 3 龄幼虫下移越冬。
- **危害症状**：成虫和幼虫对园林植物均有危害，主要危害草坪、各种花灌木及乔木。白天躲在土里，晚上出来活动，幼虫爱吃植物根系。
- **防治方法**：
  （1）人工防治：利用黑光灯诱杀成虫。
  （2）化学防治：可于傍晚喷施 2.5% 溴氰菊酯乳油 1 500~2 000 倍液防治成虫。

大地老虎

- **分类地位**：鳞翅目夜蛾科。
- **寄主范围**：杉木、香石竹、月季、菊花、女贞等。
- **形态特征**：成虫黑褐色，体长 20~25 毫米，翅展 52~58 毫米，前翅暗褐色，前缘 2/3 呈黑褐色，前翅上有明显的肾形、环状和棒状斑纹，其周围有黑褐色边；后翅浅灰褐色，上具薄层闪光鳞粉，外缘有较宽的黑褐色边，翅脉不太明显。卵半球形，直径 1.8 毫米，高 1.5 毫米，初产时为浅黄色，孵化前呈灰褐色。幼虫体长 40~62 毫米，扁圆筒形，黄褐色至黑褐色，体表多皱纹。蛹纺锤形，体长 22~29 毫米，赤褐色。
- **发生规律**：一年发生 1 代，以低龄幼虫在表土层或草丛根颈部越冬。翌年 3 月开始活动，幼虫在 5~6 月间钻入土层深处筑土室越夏，9 月间化蛹，10 月中下旬成虫羽化后产卵于表土层。12 月中旬孵化不久的小幼虫潜入表土进行越冬。
- **危害症状**：幼虫昼伏夜出咬食花木幼苗根颈和草根，造成植株死亡。
- **防治方法**：

（1）人工防治：利用黑光灯诱杀成虫；设糖醋液，诱集捕杀成虫。

（2）化学防治：1 ~ 3 龄幼虫期抗药性差，且暴露在寄主植物或地面上，是药剂防治的适期，可喷施 90% 敌百虫晶体 800 倍液进行防治。

小地老虎

- **分类地位**：鳞翅目夜蛾科。
- **寄主范围**：松、杨、柳、广玉兰、菊花、一串红、羽衣甘蓝等。
- **形态特征**：成虫灰褐色，体长约20毫米，翅展约5毫米，前翅面上的环状纹、肾形斑和剑纹均为黑色，明显易见，后翅灰白色。卵扁圆形，有网纹。幼虫老熟时体长约50毫米，灰褐色或黑褐色，体表粗糙，有黑粒点，背中线明显，臀板黄褐色。蛹赤褐色，具臀刺2根。
- **发生规律**：一年发生3代，以蛹或老熟幼虫在土中越冬。5~6月、8月、9~10月为幼虫危害期，10月中下旬老熟幼虫在土中化蛹越冬。成虫日伏夜出。幼虫共6龄，3龄前多群集在杂草和花木幼苗上危害，3龄后分散危害，以黎明前露水多时危害最烈，5龄进入暴食期，危害性更大。
- **危害症状**：对农、林木幼苗危害很大，轻则造成缺苗断垄，重则毁种重播。
- **防治方法**：

（1）人工防治：采用黑光灯或糖醋液诱杀成虫。

（2）生物防治：保护利用螟蛉绒茧蜂、双斑撒寄蝇等天敌。

（3）化学防治：幼虫期可喷施4.5%高效氯氰菊酯乳油2 000倍液，或90%敌百虫晶体1 000~2 000倍液进行防治。

东方蝼蛄

- **分类地位**：直翅目蝼蛄科。
- **寄主范围**：松、柏、榆、槐、桑、海棠、樱花、梨、竹、草坪等。
- **形态特征**：成虫体长 30~35 毫米，灰褐色，全身密布细毛；头圆锥形，触角丝状；前胸背板卵圆形，中间具一暗红色长心脏形凹陷斑；前翅灰褐色，较短，仅达腹部中部；后翅扇形，较长，超过腹部末端；腹末具 1 对尾须；前足为开掘足，后足胫节背面内侧有 4 个距。卵椭圆形，初灰白色，有光泽，后变成黄褐色，孵化之前为暗紫色或暗褐色。初孵若虫乳白色，腹部大，2 龄以上若虫体色接近成虫。
- **发生规律**：1~2 年发生 1 代，以老熟幼虫或成虫在土中越冬。翌年 4 月越冬，成虫危害到 5 月，交尾并产卵，喜欢在潮湿土中产卵，卵期约 20 天。若虫危害到 9 月，蜕皮变为成虫，10 月下旬入土越冬，发育晚的则以老熟若虫越冬。
- **危害症状**：成虫、若虫均在土中活动，取食幼芽或将幼苗咬断致死，受害的根部呈乱麻状。昼伏夜出，21：00~23：00 为活动高峰。
- **防治方法**：

  （1）人工防治：利用黑光灯或毒饵诱杀成虫。

  （2）生物防治：在土壤中接种白僵菌；保护利用红脚隼等天敌。

  （3）化学防治：危害期可用 2.5% 溴氰菊酯乳油 800~1 000 倍液灌根防治。

参考文献

[1] 徐公天. 园林植物病虫害防治原色图谱 [M]. 北京：中国农业出版社，2003.

[2] 虞国跃，王合. 北京林业昆虫图谱（Ⅱ）[M]. 北京：科学出版社，2021.

[3] 张巍巍，李元胜. 中国昆虫生态大图鉴 [M]. 2版. 重庆：重庆大学出版社，2019.

[4] 杨子琦，曹华国. 园林植物病虫害防治图鉴 [M]. 北京：中国林业出版社，2002.

[5] 徐公天，杨志华. 中国园林害虫 [M]. 北京：中国林业出版社，2014.

[6] 吕佩珂，苏慧兰，段半锁，等. 中国花卉病虫原色图鉴 [M]. 2版. 北京：蓝天出版社，
    2001.

[7] 秦维亮. 北方园林植物病虫害防治手册 [M]. 北京：中国林业出版社，2011.

[8] 吕玉奎. 200种常见园林植物病虫害防治技术 [M]. 北京：化学工业出版社，2016.

[9] 王润珍，王丽君，王海荣. 园林植物病虫害防治 [M]. 北京：化学工业出版社，2011.

[10] 朱弘复，王林瑶，方承莱. 蛾类幼虫图册（一）[M]. 北京：科学出版社，1979.

[11] 萧刚柔，李镇宇. 中国森林昆虫 [M]. 3版. 北京：中国林业出版社，2020.